L'UNIVERS & la Vie

À mes trois petites étoiles pleines de vie
V. B.

À Manu qui sait combien la vie est fragile et précieuse
M. M.

VÉRONIQUE BRÉCHOT
MICHEL MARCELIN

L'UNIVERS & la Vie

E/P/A

SOMMAIRE

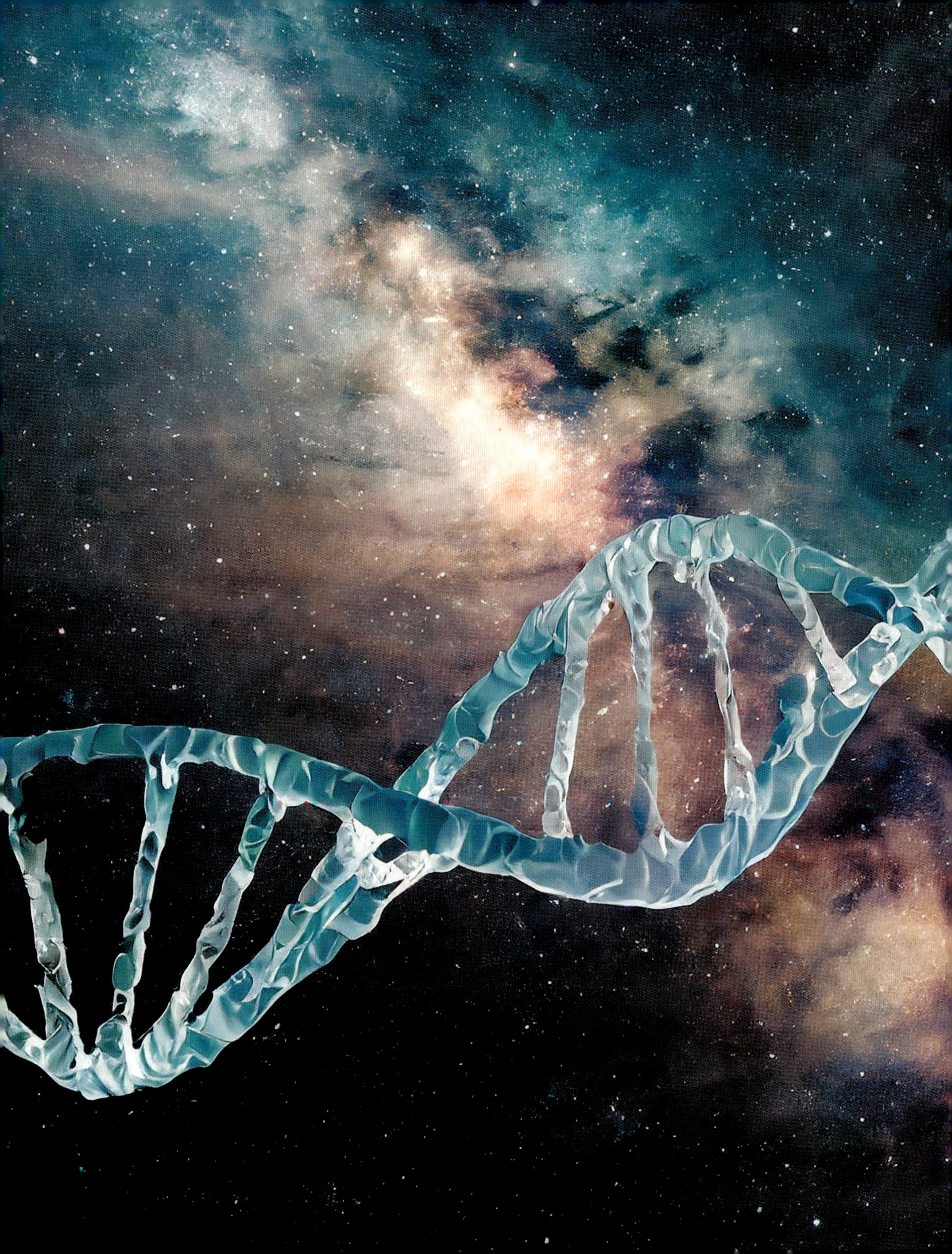

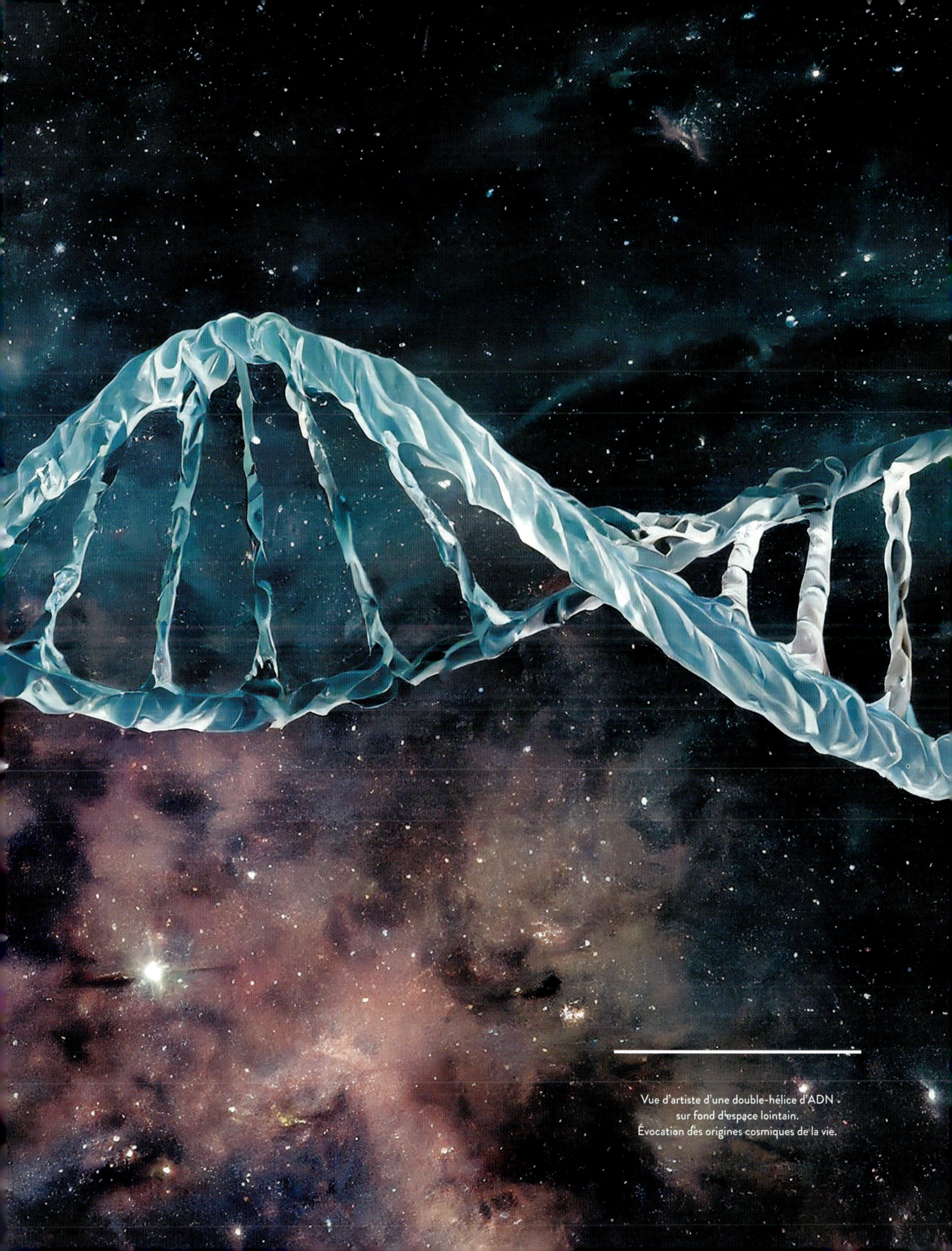

Vue d'artiste d'une double-hélice d'ADN
sur fond d'espace lointain.
Évocation des origines cosmiques de la vie.

Vue d'artiste de la surface d'une exoplanète imaginaire, avec une lune sur fond de ciel étoilé

Cette image prise dans le domaine infrarouge par le JWST (James Webb Space Telescope) montre « Les Piliers de la Création », une petite partie de la nébuleuse de l'Aigle, située à 6 500 années-lumière, dans la constellation du Serpent. On y voit des nuages de poussière et de gaz au sein desquels se forment de nouvelles étoiles, en rouge vif. Les formes étranges de ces nuages résultent de l'action du rayonnement ultraviolet et du vent stellaire provenant d'étoiles jeunes et massives, situées hors champ.

01

DE LA NAISSANCE DE L'UNIVERS À LA FORMATION DU SYSTÈME SOLAIRE

LE BIG BANG

L'Univers est né dans une sorte d'explosion gigantesque, il y a 13,8 milliards d'années : c'est le fameux Big Bang. Les premiers éléments apparaissent dans les premières minutes qui suivent le Big Bang. Ils résultent de l'assemblage de particules élémentaires : c'est ce que l'on appelle la nucléosynthèse primordiale. Il se forme alors principalement de l'hydrogène (H) et de l'hélium (He), ainsi qu'un peu de lithium (Li), de béryllium (Be) et de bore (B). Les autres éléments chimiques vont se former plus tard, au sein des étoiles.

Il faut attendre une centaine de millions d'années après le Big Bang pour voir enfin s'allumer les premières étoiles. Pendant ce laps de temps, il n'y a aucun processus physique susceptible de produire de la lumière, c'est pourquoi on a baptisé cette période « l'âge sombre de l'Univers ». On pense que les premières étoiles qui apparaissent sont très massives, pouvant mesurer jusqu'à 300 fois la masse du Soleil. Ces étoiles primitives, presque exclusivement composées d'hydrogène et d'hélium, ainsi qu'un peu de lithium et de béryllium, ont une durée de vie de quelques millions d'années à peine, ce qui est très court si l'on compare à la dizaine de milliards d'années d'espérance de vie du Soleil. Elles ont donc disparu depuis bien longtemps.

De telles étoiles ne pourraient plus se former de nos jours, car les conditions ont changé. C'est notamment le matériau de base qui sert à former les étoiles, le gaz interstellaire, qui a changé. Il a été enrichi par les générations successives d'étoiles qui y ont rejeté les éléments synthétisés en leur sein lorsqu'elles ont terminé leur vie en explosant. Le gaz enrichi en éléments lourds n'offre plus une pression interne aussi grande que le gaz primordial composé d'hydrogène et d'hélium, il ne permet donc pas de former des étoiles aussi massives, car la gravitation va l'emporter plus vite, amenant à une contraction plus efficace du cœur stellaire, même avec de petites masses de gaz.

LES GALAXIES

On ne sait pas si les premières étoiles étaient uniformément réparties dans l'Univers ou si elles étaient déjà regroupées au sein de galaxies. Bien que le processus ne soit pas connu dans le détail, on pense que les galaxies se sont formées à partir de grumeaux dans la sorte de soupe cosmique générée par le Big Bang. De petites fluctuations de densité, apparues dans le gaz chaud en expansion, se sont développées pour former les grandes structures de l'Univers que l'on observe aujourd'hui.

Les galaxies peuvent contenir jusqu'à plusieurs centaines de milliards d'étoiles et sont en quelque sorte les briques élémentaires de l'Univers, qui en contient lui-même des dizaines de milliards. Les premières galaxies étaient composées d'étoiles qui n'avaient pas eu le temps de fabriquer des éléments plus lourds que l'hydrogène et l'hélium, et qui baignaient elles-mêmes dans un gaz composé principalement de ces deux éléments légers. Ces galaxies ont beaucoup évolué depuis, et leur composition a changé. Elles se sont enrichies au fil du temps en éléments plus lourds, de sorte que les galaxies que l'on observe aujourd'hui autour de nous sont composées d'étoiles, mais aussi d'une grande variété de gaz ainsi que de poussières, indispensables pour former des planètes.

Il existe trois types de galaxies : les spirales (les plus répandues), les elliptiques et les irrégulières. Les galaxies spirales se repèrent facilement, car les étoiles les plus brillantes y dessinent une structure à plusieurs bras enroulés en spirale dans un disque de gaz et de poussières ; elles contiennent des dizaines, voire même des centaines de milliards d'étoiles. Les galaxies elliptiques sont presque exclusivement composées d'étoiles réparties dans une boule plus ou moins aplatie ; il en existe de différentes tailles, depuis les naines composées de quelques dizaines de millions d'étoiles jusqu'aux géantes qui peuvent contenir mille milliards d'étoiles. Quant aux galaxies irrégulières, elles sont le plus souvent le résultat de collisions entre galaxies qui ont déformé les protagonistes ou, plus simplement, de petites galaxies qui n'ont pas pu se structurer du fait de leur faible gravitation.

L'Univers contient des dizaines de milliards de galaxies, comme celles photographiées ici par le télescope spatial James Webb. Une galaxie spirale semblable à la nôtre est bien visible au premier plan.

LA VOIE LACTÉE

Loin des lumières des villes, en été, on peut voir une pâle bande lumineuse qui s'étire dans le ciel du zénith jusqu'à l'horizon sud : c'est la Voie lactée. Il s'agit, en fait, de notre Galaxie vue par la tranche, un immense système aplati composé de centaines de milliards d'étoiles, réparties dans un disque d'environ 100 000 années-lumière de diamètre et 1 000 années-lumière d'épaisseur. On estime sa masse à près de 1 000 milliards de masses solaires, ce qui la situe dans la tranche supérieure des spirales.

Le Soleil est assez éloigné du centre de ce disque et, lorsque nous observons ce dernier par la tranche, notre regard accumule le long de sa ligne de visée la faible lumière d'étoiles lointaines sur des milliers d'années-lumière ; ces étoiles ne sont pas visibles individuellement, mais l'addition de leur lumière nous fait percevoir cette bande lumineuse laiteuse dans le ciel. Le Soleil n'est qu'une étoile banale parmi les centaines de milliards d'autres de la Voie lactée. Il s'est formé il y a 4,5 milliards d'années, en même temps que le cortège de planètes qui l'entoure, dont la Terre, après que plusieurs générations d'étoiles se sont succédé au sein même de notre Galaxie.

Voie lactée dans la direction de la constellation du Sagittaire qui abrite le centre de notre Galaxie, masqué par de grandes quantités de poussières sombres.

La naissance des étoiles

La plupart des étoiles que l'on observe aujourd'hui ont des masses comprises entre 0,5 et 20 fois la masse du Soleil.

Elles se sont formées à partir d'immenses nuages de gaz principalement composés d'hydrogène, le constituant principal de l'Univers, mais aussi de molécules comme H_2 (dihydrogène) et CO (monoxyde de carbone), ainsi que de poussières. Ces nuages moléculaires se tassent sur eux-mêmes sous l'effet de leur propre poids pour donner naissance à des étoiles. Il peut s'en former plusieurs au sein d'un même nuage, si celui-ci se fragmente en plusieurs petits nuages. On ne peut voir en direct la naissance des étoiles, car cela se passe généralement au sein d'épais cocons de poussières ; de plus, le processus complet prend plusieurs millions d'années.

La masse de gaz nécessaire pour qu'une étoile s'allume n'est pas connue avec précision. On sait toutefois que le Soleil est une étoile très banale, et plutôt en-dessous de la moyenne. Les moins massives des étoiles font moins d'un dixième de masse solaire, alors que les plus massives correspondent à une centaine de masses solaires.

Formation d'étoiles au sein d'un nuage moléculaire révélée par le satellite infrarouge Herschel. Les points brillants sont des étoiles en train de s'allumer au sein d'un immense nuage de gaz et de poussières.

La vie des étoiles et la synthèse des éléments

L'évolution des étoiles dépend de leur masse. Celles dont la masse est comprise entre un dixième et huit masses solaires évoluent toutes comme le Soleil. Elles brillent en produisant de l'énergie par fusion nucléaire et transforment ainsi les éléments légers en éléments plus lourds. C'est ainsi que, si l'on prend le cas du Soleil, dans 4 à 5 milliards d'années, il aura transformé presque tout son hydrogène en hélium. Le Soleil perdra alors de sa luminosité et commencera à se tasser lentement sur lui-même sous l'effet de sa propre gravitation, générant en son cœur de la chaleur qui va permettre la fusion de l'hélium, pour former du carbone. Le Soleil va alors se mettre à gonfler de manière spectaculaire pour devenir une géante rouge. Un milliard d'années plus tard, lorsqu'il ne pourra plus produire de réactions nucléaires, il se tassera sur lui-même sous l'effet de sa propre gravitation et continuera de briller par la simple chaleur accumulée en son sein. Devenu beaucoup plus petit et dense, il terminera sa vie comme une naine blanche, une étoile qui s'éteint petit à petit, mais brille encore pendant quelques milliards d'années, en évacuant petit à petit la chaleur emmagasinée en son sein. Une naine blanche typique a la masse du Soleil et la taille de la Terre.

Les étoiles les moins massives (les naines rouges) ne passent pas par la phase géante rouge. De plus, leur durée de vie n'est pas la même : elles sont en effet beaucoup plus longues, pour les moins massives, plus économes car elles produisent moins d'énergie ; elles brillent donc moins fort mais plus longtemps. Une étoile ayant la moitié de la masse du Soleil peut ainsi vivre 50 milliards d'années, soit plus du triple de l'âge actuel de l'Univers.

À l'inverse, les étoiles massives produisent énormément d'énergie et épuisent rapidement leurs réserves. Elles ont une durée de vie relativement courte : environ 30 millions d'années pour une étoile de 10 masses solaires. Les réactions de fusion nucléaire au sein de telles étoiles produisent des éléments de plus en plus lourds, jusqu'au fer. À ce stade, l'étoile ne peut plus produire d'énergie, car la fabrication d'éléments plus lourds que le fer requiert au contraire un apport d'énergie. Le cœur de l'étoile s'effondre alors sur lui-même sous l'effet de son propre poids. Les couches périphériques s'échauffent en tombant vers le cœur, déclenchant des réactions de fusion qui les font carrément voler en éclats : c'est l'explosion en supernova.

Tableau périodique des éléments

La formation du système solaire

Le Soleil brille depuis 4 milliards et demi d'années. Comme toutes les étoiles, il s'est formé à partir d'un immense nuage de gaz, principalement constitué de ¾ d'hydrogène et ¼ d'hélium, gaz qui s'est tassé sur lui-même sous l'effet de sa propre gravitation. Lorsque son cœur a été assez dense (un litre de gaz au centre du Soleil contient plus de 100 kg de matière) et chaud, c'est-à-dire lorsqu'il a atteint une quinzaine de millions de degrés, les réactions de fusion nucléaire ont commencé à se produire. La fusion des noyaux d'hydrogène permet de former des noyaux d'hélium, tout en dégageant une énergie importante. Ainsi, à chaque seconde, le Soleil transforme 4 millions de tonnes de matière en énergie lumineuse.

La formation du Soleil s'étant produite une dizaine de milliards d'années après le Big Bang, la composition du nuage qui lui a donné naissance a bénéficié des générations d'étoiles précédentes. Elles ont en effet enrichi le milieu interstellaire en rejetant les éléments synthétisés en leur sein lors de leur explosion sous forme de supernova. C'est ainsi que des éléments lourds ont formé au sein de ce nuage de gaz des poussières, lesquelles ont pu s'agglomérer au fil du temps pour former des corps de plus en plus gros, jusqu'à constituer les planètes que l'on connaît aujourd'hui. Les premières étoiles qui se sont formées dans l'Univers ne pouvaient pas être entourées de planètes, puisqu'elles n'étaient composées que d'éléments légers. Il a donc fallu que des étoiles meurent en explosant pour permettre aux générations d'étoiles suivantes d'être entourées de planètes.

Les planètes les plus proches du Soleil, à savoir Mercure, Vénus, la Terre et Mars, sont ce que l'on appelle des planètes telluriques. Ce sont des corps solides, entourés d'une atmosphère plus ou moins ténue. Elles sont composées à 95 % de fer, de magnésium, de silicium et d'oxygène, les 5 % restants étant du calcium, de l'aluminium, du nickel et du soufre.

Les planètes géantes du système solaire – Jupiter, Saturne, Uranus et Neptune – sont plus éloignées du Soleil. Recevant de ce fait moins de rayonnement, elles ont pu conserver une plus grande quantité du gaz originel (hydrogène et hélium principalement), mais elles ont certainement un cœur solide enfoui en leur centre.

Vue d'artiste du système solaire en formation il y a 4,5 milliards d'années

Autour d'un Soleil naissant tourbillonnent, suivant des orbites irrégulières, des milliards de cailloux et de blocs rocheux qui s'agglomèrent pour former les planètes.

Baptisées « Falaises cosmiques », ces nébulosités photographiées par le JWST (James Webb Space Telescope) forment la bordure d'une région de formation d'étoiles, dans la nébuleuse de la Carène, à environ 7 600 années-lumière. Les formes tourmentées sont sculptées par le rayonnement ultraviolet intense et les vents stellaires provenant de jeunes étoiles extrêmement massives et chaudes situées au-dessus de cette image.

Le Cambrien, qui commence avec l'ère paléozoïque, a vu une augmentation spectaculaire de la diversité des espèces en très peu de temps.

02

LA VIE SUR TERRE, AUJOURD'HUI ET DEPUIS SES ORIGINES

QU'EST-CE QUE LA VIE ?

La Terre s'est formée il y a 4 milliards et demi d'années. La vie y est ensuite apparue sans que l'on sache encore si elle a pu apparaître ailleurs aussi. La vie telle qu'elle existe sur Terre est-elle universelle ? En d'autres termes, l'apparition de la vie sur Terre est-elle le résultat inéluctable, voire banal, des lois de la chimie ? Ou au contraire, est-elle le résultat improbable d'une série de coïncidences exceptionnelles qui ne risquent pas, ou presque, de se reproduire ailleurs dans l'Univers ?

Pour tenter de répondre à ces questions, commençons par examiner la vie telle qu'elle nous apparaît aujourd'hui, pour en appréhender les fondements et toute la complexité. Nous pourrons alors essayer d'en saisir le caractère unique ou universel.

LA CELLULE

Tous les organismes vivants que l'on trouve sur Terre sont constitués de cellules. Les cellules sont les plus petites unités fondamentales qui composent chaque être vivant. Elles sont capables de se reproduire de manière autonome. Le degré de complexité des êtres vivants varie beaucoup, depuis les organismes unicellulaires, constitués d'une seule cellule (comme les bactéries ou les levures), jusqu'aux organismes supérieurs pluricellulaires, qui peuvent être composés de plusieurs milliers de milliards de cellules (comme les animaux ou les plantes).

En observant les cellules au microscope, on a découvert qu'il en existait deux grands types, suivant qu'elles possèdent ou non un noyau : les procaryotes, toujours unicellulaires, qui n'ont pas de noyau (étymologiquement : pro-, avant, et caryote, noyau : les cellules qui sont apparues avant le noyau) et les eucaryotes (étymologiquement : eu-, vrai, et caryote, noyau : les cellules qui possèdent un vrai noyau), qui peuvent être uni- ou pluricellulaires. Dans les cellules eucaryotes, l'ADN est protégé à l'intérieur du noyau, tandis que chez les cellules procaryotes, l'ADN baigne directement dans l'intérieur de la cellule.

Les cellules procaryotes ont une dimension de l'ordre du micromètre (1 micromètre [μm] est un millième de millimètre). Elles sont plus petites que les cellules eucaryotes, aux dimensions comprises entre dix micromètres et plusieurs millimètres, voire centimètres. Parmi les plus grandes cellules, on trouve l'œuf d'autruche (le jaune, plus exactement) et certains neurones de calamars, qui mesurent plus de 12 m de long.

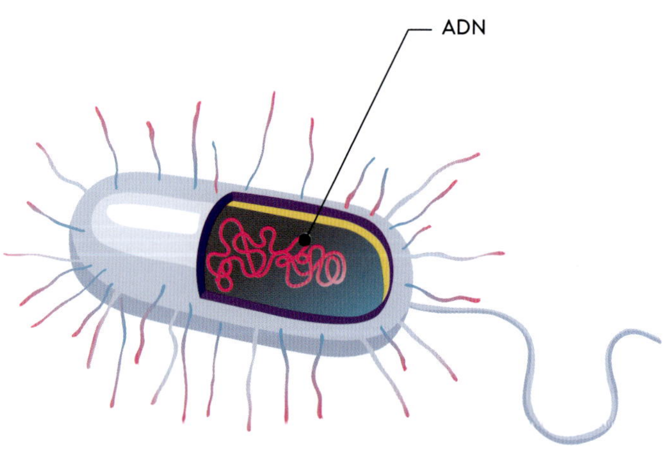

Cellule procaryote
(ici, une bactérie, d'une taille d'environ 1 micron)
avec l'ADN qui baigne directement dans la cellule

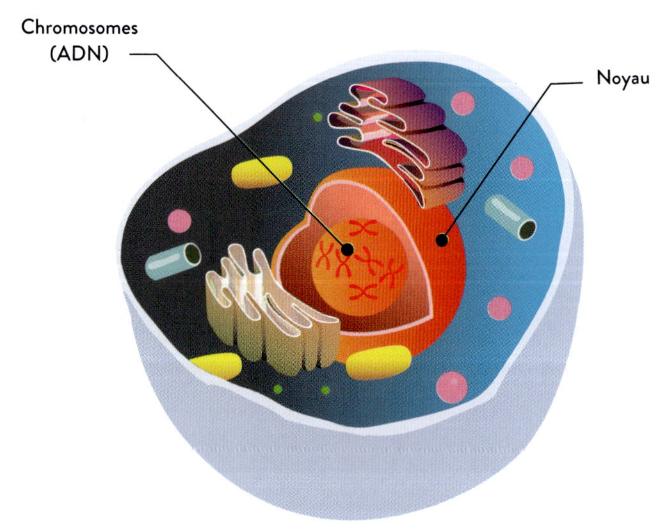

Cellule eucaryote (ici, une cellule animale,
d'une taille d'environ 10 μm)
avec l'ADN sous forme de chromosomes, protégé dans le noyau.
En dehors du noyau, on voit également les différents compartiments (organites)
typiques d'une cellule eucaryote.

L'INVENTION DU MICROSCOPE ET LA DÉCOUVERTE DES CELLULES VIVANTES

La découverte des cellules a été permise grâce à l'invention du microscope que l'on attribue au fabricant de lentilles hollandais Zacharias Janssen en 1595, avec la probable collaboration de Hans Janssen (père de Zacharias) et de Hans Lippershey, qui fut le premier à déposer un brevet pour une lunette astronomique en 1608. On attribue aussi parfois l'invention du microscope à l'astronome Galilée. En effet, alors qu'il construisait sa lunette astronomique, il eut l'idée, en 1609, d'utiliser des lentilles à courte distance focale pour regarder des objets minuscules. Au lieu de grossir l'image toute petite d'objets très gros mais très lointains, l'idée était d'agrandir l'image d'objets proches mais minuscules. L'amélioration des processus de fabrication des lentilles a ainsi permis, à la même époque, d'inventer le microscope et la lunette astronomique, et d'observer à la fois l'infiniment petit et l'infiniment grand.

En 1665, le philosophe et physicien anglais Robert Hooke, regardant au microscope des coupes d'écorce de liège, observa de minuscules alvéoles régulières entourées de parois. Il décida alors d'appeler « cellules » ces cavités microscopiques, parce qu'elles lui rappelaient les cellules des moines dans leurs monastères.

Depuis, des progrès considérables ont été réalisés dans l'observation des organismes vivants ! Désormais, on peut observer le vivant dans ses secrets les plus intimes, jusqu'à l'échelle moléculaire et atomique, grâce à la microscopie électronique ou aux rayons X des synchrotrons.

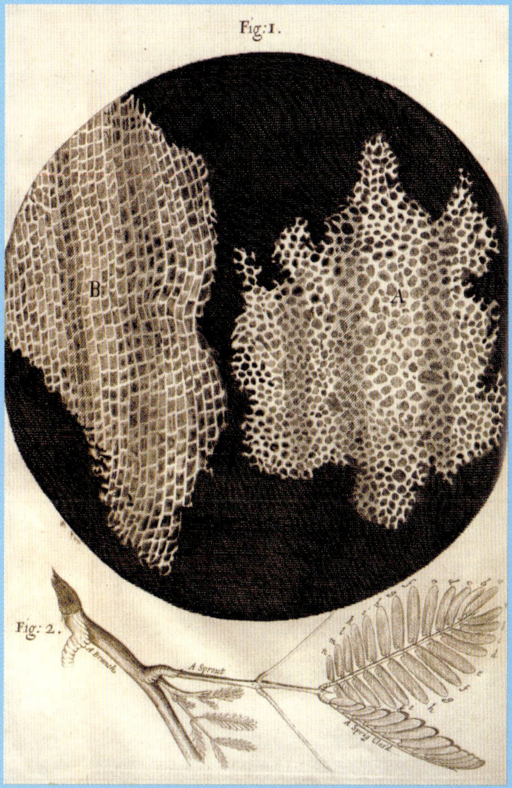

Cellules d'écorce de liège observées au microscope par Robert Hooke

Microscope de Robert Hooke

Le synchrotron de Grenoble

Cet accélérateur de particules a permis de déterminer la structure de nombreuses molécules du vivant.

LES MOLÉCULES DE LA VIE

Toutes les cellules terrestres actuelles sont constituées des mêmes familles de molécules qui régissent leur architecture et leur fonctionnement. Ces molécules très complexes sont appelées macromolécules, car elles sont de taille relativement grosse, même si leurs dimensions sont de quelques dizaines à quelques centaines de nanomètres à peine, soit 10 à 100 fois plus petites que le micron (un nanomètre est un milliardième de mètre). Elles sont constituées de plusieurs centaines à plusieurs milliers d'atomes. Il s'agit de l'ADN et de l'ARN, des protéines, des glucides et des lipides.

Il existe également d'autres macromolécules dans la nature, celles que l'on trouve typiquement dans le pétrole. Les hydrocarbures sont des macromolécules inertes résultant d'une lente dégradation, sur des millions d'années, de restes d'organismes vivants fossilisés qui se sont déposés au fond des océans.

LES PROTÉINES

Les protéines sont de longues molécules constituées d'un enchaînement d'acides aminés, un peu comme un collier de perles. Dans tous les organismes vivants sur Terre, il existe 20 acides aminés différents. Dans chaque protéine, les acides aminés se succèdent selon un ordre précis, propre à chaque protéine. Un enchaînement de quelques dizaines d'acides aminés ou moins correspond à un peptide. Pour des séquences plus longues (allant parfois jusqu'à plusieurs centaines, voire milliers d'acides aminés), on parle de polypeptide, ou protéine.

Les protéines remplissent de très nombreuses fonctions dans la cellule : catalyse enzymatique (comme l'amylase, la trypsine...), transport de petites molécules (hémoglobine, albumine...), défense immunitaire (anticorps...), structuration des organes (kératine, collagène...), signalisation (insuline...), etc.

La plupart d'entre elles doivent se replier de manière très précise pour adopter leur structure tridimensionnelle unique qui leur permet de remplir leur fonction. D'autres, dites protéines intrinsèquement désordonnées, sont plutôt comme des spaghettis et seraient plus proches des toutes premières protéines qui sont apparues.

LES GLUCIDES

Les glucides, composés de carbone, oxygène et hydrogène, englobent à la fois les sucres simples (glucose, fructose...) et les polysaccharides, qui sont des polymères de ces sucres. Ceux-ci peuvent avoir des rôles de stockage d'énergie (amidon, glycogène) ou de structure (cellulose, chitine, pectine...).

Parmi les glucides simples (les monosaccharides), on peut citer ceux contenant six carbones, comme le glucose, et ceux contenant cinq carbones, comme le ribose que l'on retrouve dans l'ARN (c'est le R de « ribonucléique »). On trouve aussi le ribose sous une forme un peu modifiée, dans l'ADN, avec un atome d'oxygène de moins, donc dite désoxygénée (c'est le D de « désoxyribo »), dont l'enchaînement répété constitue la colonne vertébrale de l'ADN et de l'ARN.

LES LIPIDES

Connus comme molécules de réserve d'énergie et responsables de nos petits (ou gros) bourrelets, ils sont aussi et surtout les constituants majoritaires des membranes cellulaires. Ils sont composés d'une tête dite hydrophile, c'est-à-dire qui a beaucoup d'affinité pour l'eau, comportant souvent un ion chargé (ion phosphate par exemple) et une queue dite hydrophobe, qui se dissout très mal dans l'eau.

Cette structure conduit les lipides à s'assembler entre eux et à s'organiser dans l'eau, de manière à exposer la tête hydrophile vers l'eau et à regrouper les régions hydrophobes. Les lipides ainsi regroupés forment soit des sortes des gouttelettes lipidiques, soit une bicouche lipidique faite de deux rangées de lipides, avec des têtes hydrophiles en surface et des queues hydrophobes dans la couche intérieure, qui forment ainsi les membranes qui compartimentent les cellules.

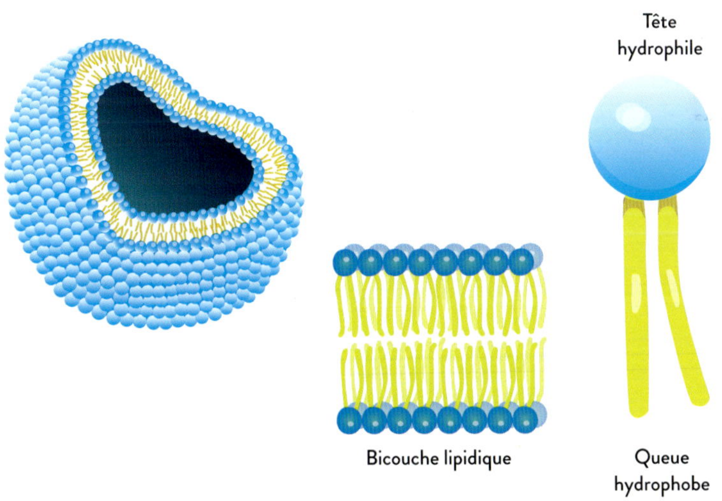

Structure de la bicouche lipidique formant les membranes cellulaires

Schéma des lipides avec une tête hydrophile tournée vers l'eau et des queues hydrophobes se regroupant en double couche pour éviter le contact avec l'eau, et formant ce que l'on appelle la bicouche lipidique de la membrane cellulaire.

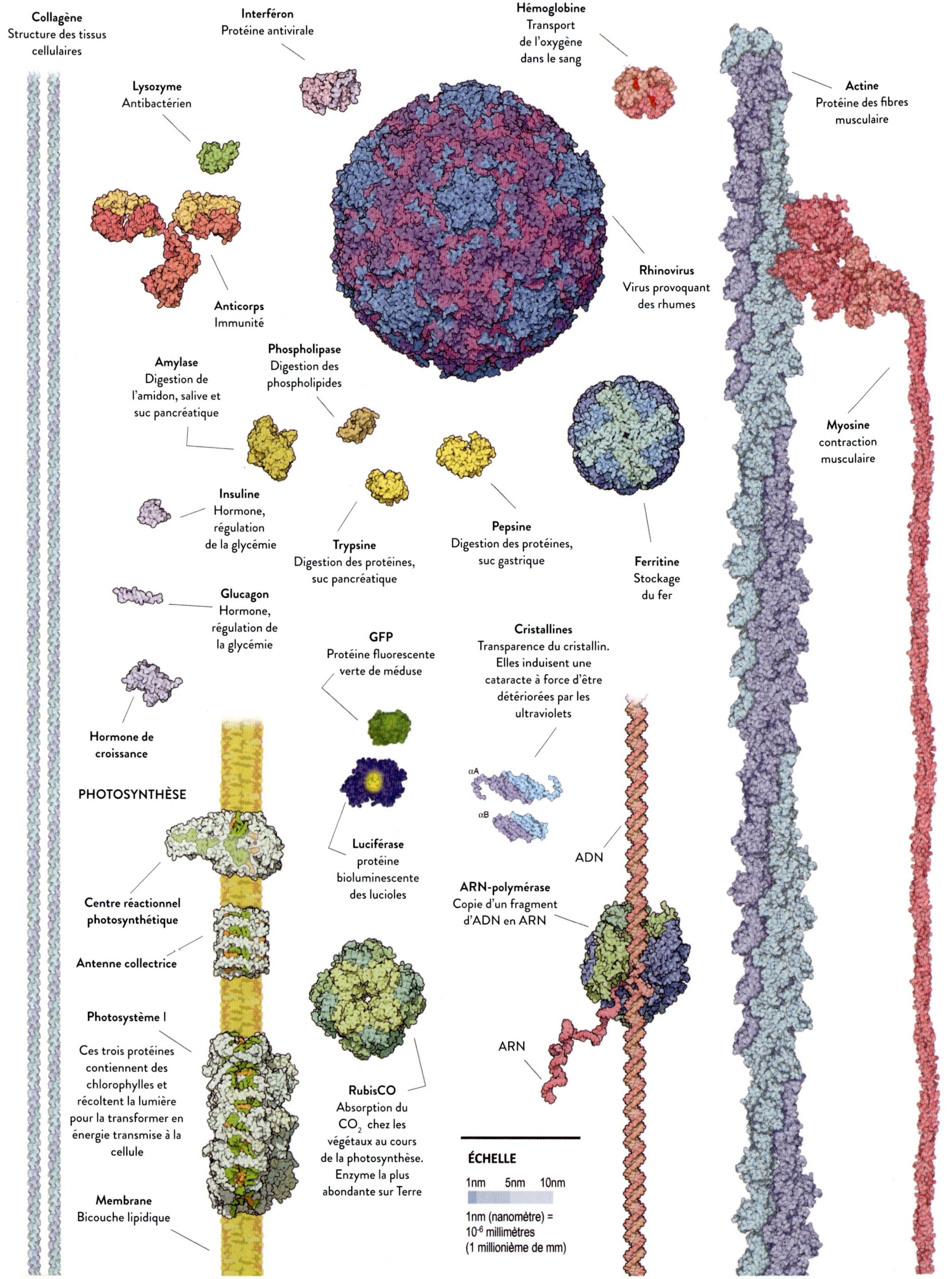
Collagène
Structure des tissus cellulaires
Interféron
Protéine antivirale
Hémoglobine
Transport de l'oxygène dans le sang
Actine
Protéine des fibres musculaire
Lysozyme
Antibactérien
Anticorps
Immunité
Rhinovirus
Virus provoquant des rhumes
Amylase
Digestion de l'amidon, salive et suc pancréatique
Phospholipase
Digestion des phospholipides
Myosine
contraction musculaire
Insuline
Hormone, régulation de la glycémie
Trypsine
Digestion des protéines, suc pancréatique
Pepsine
Digestion des protéines, suc gastrique
Ferritine
Stockage du fer
Glucagon
Hormone, régulation de la glycémie
GFP
Protéine fluorescente verte de méduse
Cristallines
Transparence du cristallin. Elles induisent une cataracte à force d'être détériorées par les ultraviolets
αA
αB
Hormone de croissance
PHOTOSYNTHÈSE
Centre réactionnel photosynthétique
Luciférase
protéine bioluminescente des lucioles
ADN
ARN-polymérase
Copie d'un fragment d'ADN en ARN
Antenne collectrice
Photosystème I
Ces trois protéines contiennent des chlorophylles et récoltent la lumière pour la transformer en énergie transmise à la cellule
ARN
RubisCO
Absorption du CO_2 chez les végétaux au cours de la photosynthèse. Enzyme la plus abondante sur Terre
ÉCHELLE
1nm 5nm 10nm
1nm (nanomètre) = 10^{-6} millimètres (1 millionième de mm)
Membrane
Bicouche lipidique

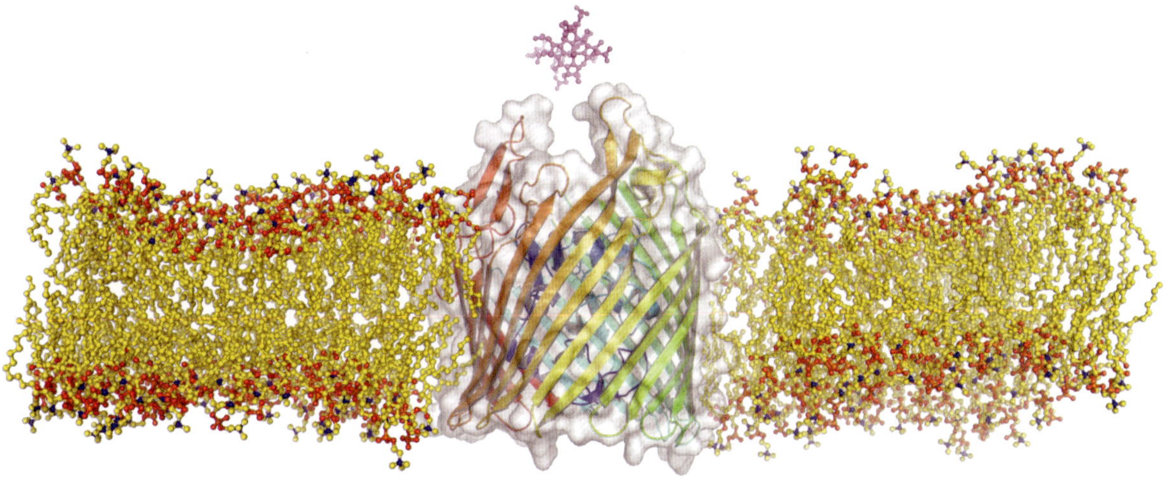

Protéine transporteur de la vitamine B12 au milieu d'une bicouche de lipides semblable à la membrane de la cellule
La vitamine B12 (ici en rose vif) rentre à l'intérieur de la cellule en traversant la membrane grâce au canal créé par cette protéine.

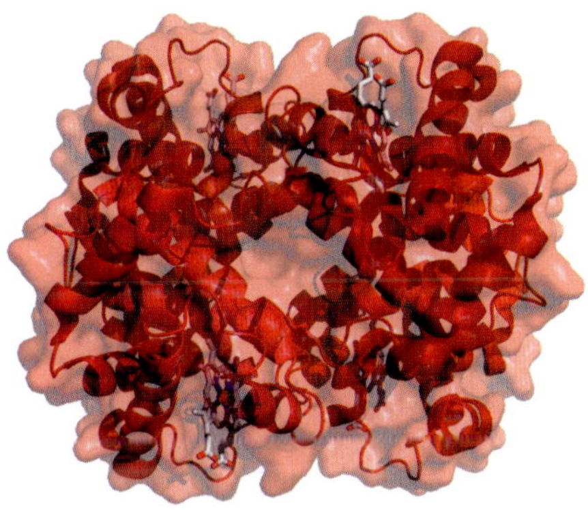

Hémoglobine
Protéine qui transporte l'oxygène dans le sang par l'intermédiaire d'une petite molécule contenant un atome de fer, appelée hème (ici en gris) et qui donne sa couleur rouge à la protéine.

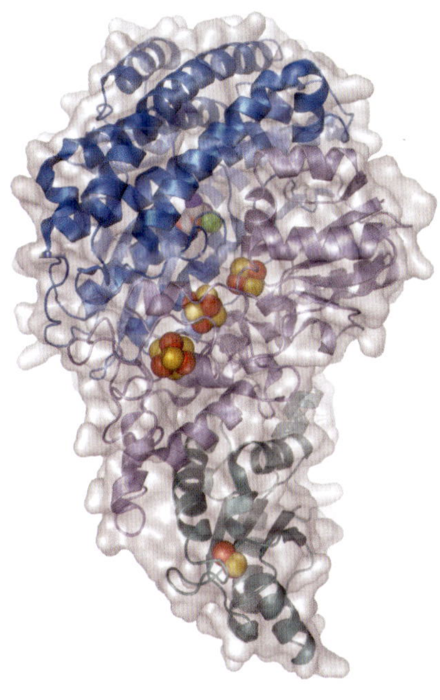

Hydrogénase
Cette enzyme d'une archée thermophile catalyse une des réactions plausibles du métabolisme ancestral des toutes premières cellules vivantes. Elle contient des atomes de fer et de soufre, tels des petits cailloux de pyrite, et des atomes de nickel et fer associés, vestiges probables de la catalyse minérale qui précéda la catalyse biologique.

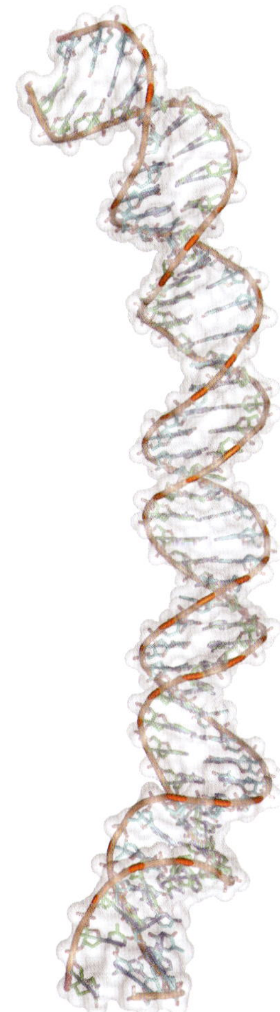

Segment d'ADN incurvé

Diversité des macromolécules biologiques

Ces images de quelques protéines, segments d'ADN, et membranes lipidiques, à deux échelles différentes, ont été obtenues grâce aux progrès des méthodes de détermination de structures atomiques. Elles montrent toute la complexité et la beauté des biomolécules qui, ensemble, constituent un organisme vivant.

Les rubans représentent le trajet de la chaîne d'acides aminés formant les protéines. La surface transparente correspond à l'espace occupé par les atomes de la protéine ou de l'ADN. Les atomes de fer sont en orange, les atomes de soufre en jaune et les atomes de nickel en vert.

ÉCHELLE

1 nm 5 nm

1 nm (nanomètre) = 10^{-6} millimètres
(1 millionième de mm)

L'ADN

L'ADN, acide désoxyribonucléique, est le support de notre information génétique. Il est constitué d'un enchaînement de nucléotides, symbolisés par les lettres A, T, G, C. Les lettres correspondent respectivement à la base nucléotidique adénosine, thymine, guanine et cytosine. L'ordre précis dans lequel s'enchaînent ces nucléotides est appelé la séquence de l'ADN. Elle est divisée en plusieurs parties qui forment les gènes.

Chaque gène correspond aux instructions de fabrication d'une protéine donnée. L'ADN a une structure en double hélice qui permet sa réplication, chaque brin de la double hélice étant la copie complémentaire de l'autre brin. Les deux brins de l'ADN sont comme les deux montants d'une échelle hélicoïdale, dont les barreaux sont les bases nucléotidiques appariées de manière complémentaire (A avec T, G avec C). Cette double hélice se replie et s'enroule ensuite de manière très compacte pour former le chromosome.

L'ARN, GRAND-PÈRE DE L'ADN ?

L'ARN (acide ribonucléique) diffère légèrement de l'ADN au niveau moléculaire. L'ossature de cette macromolécule est également constituée de l'enchaînement d'un même sucre, le ribose, sur lequel sont greffées des bases nucléotidiques. Mais comme son nom l'indique, l'ADN (acide désoxyribonucléique) a un oxygène en moins sur son ribose par rapport à l'ARN. Une autre différence se situe au niveau d'une de ses bases nucléotidiques, l'uracile, remplacée par la thymine.

Du fait de ces différences moléculaires avec l'ADN, l'ARN n'adopte pas une structure en double hélice et il est constitué d'un seul brin. Moins stable que l'ADN, l'ARN est davantage sujet à mutations lors des réplications. L'information génétique ne pouvant pas être transmise de manière fiable, l'ARN n'a donc pas pour fonction de stocker une information génétique héréditaire, sauf pour certains virus, qui ont justement tendance à muter facilement. C'est le cas des virus dits « à ARN », comme le coronavirus, le VIH responsable du Sida ou le virus de la grippe.

Dans les cellules, l'ARN est impliqué dans la biosynthèse des protéines. Il joue un rôle de transfert transitoire d'information génétique entre l'ADN et les protéines à synthétiser. Il est très probablement l'ancêtre historique de l'ADN. On pense en effet que l'ARN a précédé l'ADN au cours de l'évolution. Le microbiologiste français Patrick Forterre considère même que ce sont les virus qui ont inventé l'ADN sur la base de l'ARN. L'ADN aurait alors permis un stockage de l'information plus fiable dans le temps, car il est plus stable que l'ARN. Des organismes plus sophistiqués se seraient développés, ayant besoin de davantage de gènes, sans risquer de trop nombreuses mutations dont certaines pourraient s'avérer délétères. L'ADN aurait ainsi apporté un avantage évolutif qui aurait éliminé les autres formes de vie se contentant d'ARN comme source d'information génétique.

LE SAVIEZ-VOUS ?

Si l'on déroulait complètement et collait bout à bout toutes les molécules d'ADN des chromosomes de toutes les cellules de notre corps, on atteindrait une distance d'environ 70 milliards de kilomètres, soit 180 000 fois la distance de la Terre à la Lune, ou presque 500 fois la distance Terre-Soleil !

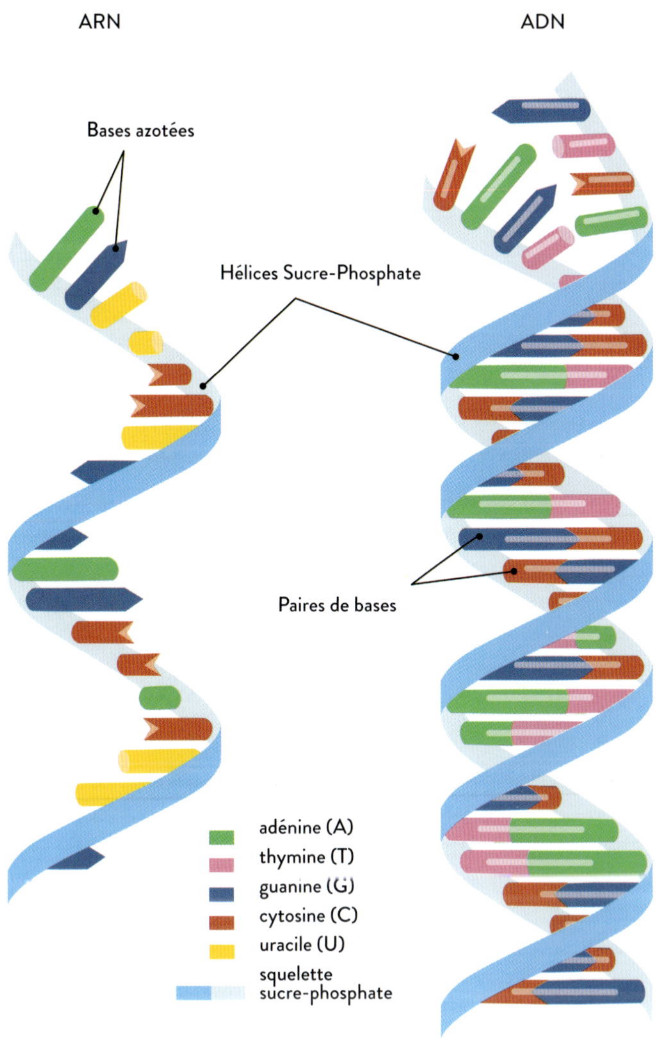

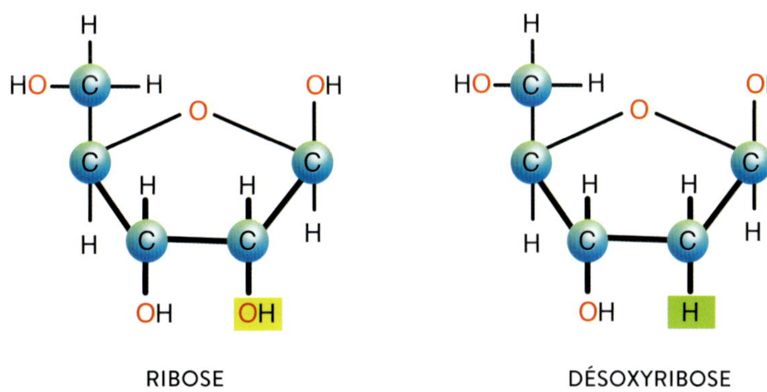

Différences entre l'ARN et l'ADN

La différence principale entre l'ARN et l'ADN réside au niveau du sucre qui constitue l'ossature de la double hélice en alternance avec des ions phosphate : un ribose pour l'ARN et un désoxyribose pour l'ADN, qui ne diffèrent que d'un atome d'oxygène. L'ADN forme alors une double hélice, stable, contrairement à l'ARN. Enfin, l'une des quatre bases azotées de l'ADN est différente chez l'ARN, dans lequel on trouve une base uracile (U) à la place d'une thymine (T), à côté des bases adénine (A), guanine (G), et cytosine (C) communes à l'ADN et à l'ARN.

COMMENT DÉFINIR LA VIE ?

Quand on s'interroge sur les origines de la vie sur Terre, ou sur la possibilité de vie ailleurs dans l'Univers, on se heurte très vite à la question de définir ce qu'est la vie. En donner une définition s'apparente à une gageure. Il faudrait un ouvrage entier uniquement consacré à cette question. Même les philosophes n'en finissent pas de s'interroger sur sa signification.

Alors, comment parvenir à définir ce phénomène dynamique qui nous anime, qui nous fait exister, nous et tant d'autres organismes vivants ? Cherchons les points communs qui caractérisent toute cette infinie biodiversité terrestre dont nous ne sommes qu'un infime spécimen.

Intuitivement, nous saurions dire ce qui est vivant et ce qui ne l'est pas. En essayant d'être rationnel et en s'appuyant sur notre intuition, voilà ce que l'on pourrait dire :

• La vie, c'est ce qui n'est pas inerte, ni inanimé. Cela signifie qu'un être vivant bouge au cours du temps, interagit avec l'environnement. C'est une entité délimitée qui échange avec l'extérieur de l'énergie, de la matière, et donc des nutriments, de l'information (sous forme de matière, comme chez l'humain quand les hormones vont d'une cellule ou d'un organe à l'autre, ou sous forme d'énergie, comme le signal électrique des neurones) pour maintenir son équilibre interne. Qui dit vie dit donc métabolisme, c'est-à-dire un ensemble de réactions chimiques qui se déroulent dans l'organisme pour qu'il se construise, se développe et éventuellement se déplace.

• La vie, c'est aussi tout ce qui est entre la naissance et la mort. Et pour que la vie se perpétue par-delà l'individu qui va naître puis disparaître dans un intervalle de temps plus ou moins long, il faut donc qu'un organisme vivant soit capable de se reproduire. La vie continue, même après la mort d'un de ses représentants.

• La vie, c'est aussi ce qui est capable d'évoluer et de s'adapter à un environnement en perpétuel changement. Si la vie n'est plus adaptée au nouvel environnement qui l'entoure, elle disparaît. C'est le principe de l'évolution darwinienne. C'est grâce à une reproduction imparfaite, jamais strictement à l'identique, que cette évolution, cette adaptation, peut avoir lieu.

• La vie est également capable d'une activité autonome, de s'auto-organiser, de s'auto-réparer, et donc de puiser elle-même tous les éléments et l'énergie dont elle a besoin pour atteindre un ordre interne. Ce n'est pas une machine pilotée ou assemblée par quelque chose d'extérieur.

Ces quatre caractéristiques, communes à tous les êtres vivants, permettent de donner un cadre pour dire si, oui ou non, un objet ou une entité doit être considéré comme inerte ou peut être considéré comme faisant partie du monde du vivant. La Nasa, dans son programme d'exobiologie en 1992, a ainsi résumé ce qui est dit ci-dessus en une phrase : « La vie est un système chimique auto-maintenu capable d'évolution darwinienne. »

UN CRISTAL EST-IL VIVANT ?

Un cristal en croissance échange de la matière et de l'énergie en grandissant, et cette croissance cristalline s'opère de manière autonome.

Pour autant, peut-on dire que le cristal se reproduit ? D'une certaine manière, oui, s'il a été produit par germination, ensemencement. Mais il s'agit plus d'une croissance que d'une reproduction.

D'autre part, ce cristal n'évolue pas au cours du temps ou des générations. L'empilement cristallin continue de la même manière, même si l'environnement évolue. Pour ces raisons, on ne peut pas dire qu'un cristal en croissance fait partie du monde vivant.

Cristal de quartz sur substrat de pyrite

UN VIRUS INFORMATIQUE EST-IL VIVANT ?

Si un virus est capable de se diffuser d'un ordinateur à un autre, d'utiliser l'énergie électrique pour se propager, et parfois même d'évoluer à chaque infection d'un nouvel ordinateur pour devenir moins détectable grâce à un petit programme incorporé, il n'en reste pas moins qu'il a fallu une personne sur son clavier et devant son écran pour écrire le programme originel de ce virus informatique. Ce virus ne s'est pas fabriqué tout seul, il n'est pas apparu à partir d'atomes, de molécules ou d'impulsions électriques, qui se seraient assemblés d'eux-mêmes, par exemple. Pour cette raison toute simple, on ne peut pas le considérer comme un organisme vivant.

Codage d'un virus informatique

UN ROBOT EST-IL VIVANT ?

Même si un robot peut être doué d'une forme d'intelligence supérieure, même s'il consomme de l'énergie pour effectuer ses tâches et même s'il est capable d'interagir avec son environnement, voire de discuter avec des êtres humains, il n'est pas capable de se reproduire et n'a pas été fabriqué tout seul à partir de matériaux ou de composants de base. Il a été conçu, puis assemblé par des êtres humains. Et le jour où le robot est « en fin de vie » et tombe définitivement en panne, avec plus personne pour le réparer, il disparaît car il n'aura pas engendré de descendance à partir de lui-même pour prendre sa suite. Il sera toujours soumis à des êtres humains qui le concevront et le fabriqueront eux-mêmes à partir d'éléments extérieurs. Comme pour les virus informatiques, on ne peut donc pas dire que des robots sont vivants.

Robot humanoïde éducatif

ET LES VIRUS ?

Les virus ont une place à part dans le vivant : généralement bien plus petits que les cellules (10 à 400 nanomètres [nm], soit 2 à 50 fois plus petits que la cellule infectée), ils sont incapables de se répliquer seuls. Ils ont besoin de la machinerie de réplication de la cellule hôte qu'ils détournent à leur profit. Ils évoluent rapidement et sont capables d'élaborer très vite des stratégies de défense. Ce sont des parasites qui ont absolument besoin d'infecter une cellule pour pouvoir se multiplier. Ils possèdent toutefois un vrai génome – soit de l'ARN, soit de l'ADN, donc de même type que les génomes cellulaires. En dehors de la cellule infectée, ils sont inertes, ils n'ont pas de métabolisme, ni d'échange avec l'environnement extérieur. On ne peut donc pas dire qu'ils sont des organismes vivants au sens strict du terme d'après la définition ci-dessus : ils ne sont pas autonomes, il leur faut un hôte pour se reproduire.

En revanche, si l'on se place au niveau des écosystèmes, et plus uniquement à l'échelle de l'entité individuelle, alors on peut considérer sans ambiguïté qu'ils font partie du monde vivant, car ils interagissent fortement avec les cellules vivantes en modifiant leur métabolisme, en intervenant dans leur évolution, voire en les conduisant à la mort cellulaire.

Particules de coronavirus SARS-CoV2 observées au microscope électronique à transmission

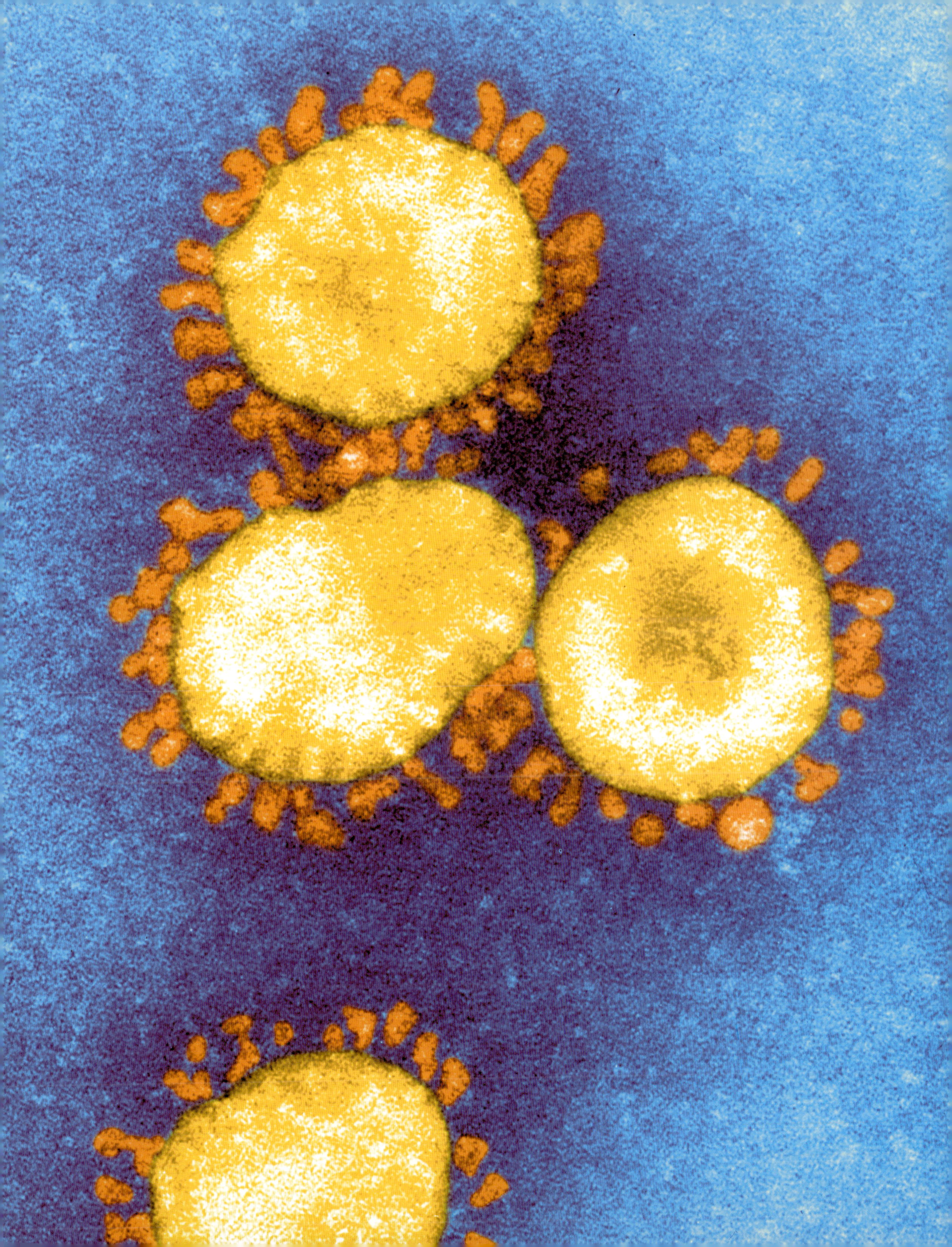

DE QUOI LA VIE A-T-ELLE BESOIN ?

À partir de toutes ces considérations et de cette définition, on peut désormais en déduire ce dont la vie a besoin pour se développer et quelles ont été les conditions minimales pour que la vie apparaisse il y a plusieurs milliards d'années.

DE L'ÉNERGIE

Pour apparaître et se développer, la vie a besoin d'énergie. Le premier réflexe est de penser à l'énergie lumineuse du Soleil, grâce à laquelle se produit la photosynthèse, qui elle-même permet la conversion du gaz carbonique (CO_2) et de l'eau (H_2O) en molécules carbonées de type sucres. Pourtant, la vie n'a pas attendu la photosynthèse pour apparaître.

On a en outre découvert sur Terre de nombreux écosystèmes très originaux, indépendants de la lumière du Soleil. C'est le cas par exemple des cheminées hydrothermales au fond des océans, trop profondes pour que la lumière parvienne jusque-là. La source primaire d'énergie utilisée par la faune extraordinaire de ces écosystèmes est l'énergie chimique fournie par l'hydrogène sulfuré (H_2S) et l'hydrogène moléculaire (H_2) qui s'échappent de ces sources hydrothermales.

DE LA MATIÈRE

Pour échafauder sa paroi et les éléments qui la constituent, la vie a également besoin d'une source de matière, matière qui va être à la base des molécules organiques qui la constituent. Celles-ci sont composées de carbone (C), d'azote (N), d'hydrogène (H), d'oxygène (O), de soufre (S), d'un peu de phosphore (P), de sodium (Na), de potassium (K)... et de quelques ions métalliques, comme en particulier le fer (Fe).

POURQUOI LE CARBONE ?

Le carbone, avec sa capacité à établir jusqu'à quatre liaisons avec d'autres atomes (ce que les chimistes appellent la tétravalence), permet une chimie très complexe. Dans le tableau périodique des éléments, on voit que le carbone est l'élément le plus léger capable d'établir quatre liaisons, ce qui est le maximum possible. Cela ouvre un nombre de combinaisons possibles extraordinaire et permet d'élaborer de très grosses molécules très ramifiées, celles que l'on appelle macromolécules.

C'est cette chimie du carbone qui a conduit à la formation des macromolécules biologiques qui constituent le vivant : les lipides, qui forment les membranes cellulaires ; l'ADN ou l'ARN, support de l'information génétique ; les glucides, ou polysaccharides, réservoirs d'énergie ou constituants de la matrice cellulaire ; et les protéines, véritables ouvriers de la cellule, qui remplissent toutes les fonctions indispensables à la survie de la cellule, de la catalyse des réactions métaboliques à la lecture ou la synthèse de l'ADN, jusqu'au maintien de l'architecture de la cellule.

UNE VIE EN VERRE AVEC LE SILICIUM ?

En regardant la case juste en dessous du carbone dans le tableau périodique des éléments (voir page 18), on pourrait se demander si une vie basée sur la chimie du silicium serait possible. Le silicium est plus lourd que le carbone et il a lui aussi la capacité d'établir quatre liaisons avec ses voisins. Malheureusement, le silicium est trop gros et il échange difficilement ses électrons avec ses voisins pour établir des liaisons chimiques solides. La chimie du silicium ne permet pas du tout de forger des molécules aussi variées que le carbone.

En outre, alors que le silicium est majoritaire sur Terre par rapport au carbone, la vie s'est pourtant développée sur la chimie du carbone, et non sur celle du silicium. Sur notre planète, on trouve surtout le silicium combiné à l'oxygène, avec la formule SiO_2, constituant principal du quartz, du sable de nos plages et du verre de nos fenêtres, vitres, vaisselle, décorations, etc. Il n'en reste pas moins que le silicium est un oligo-élément vital pour de nombreuses espèces.

Mentionnons toutefois le cas unique des diatomées, des micro-algues qui sont majoritaires dans le phytoplancton et dont la cellule est entièrement recouverte d'une enveloppe de silice, le frustule. Cette enveloppe externe en verre leur confère des morphologies très diversifiées et souvent d'une grande beauté.

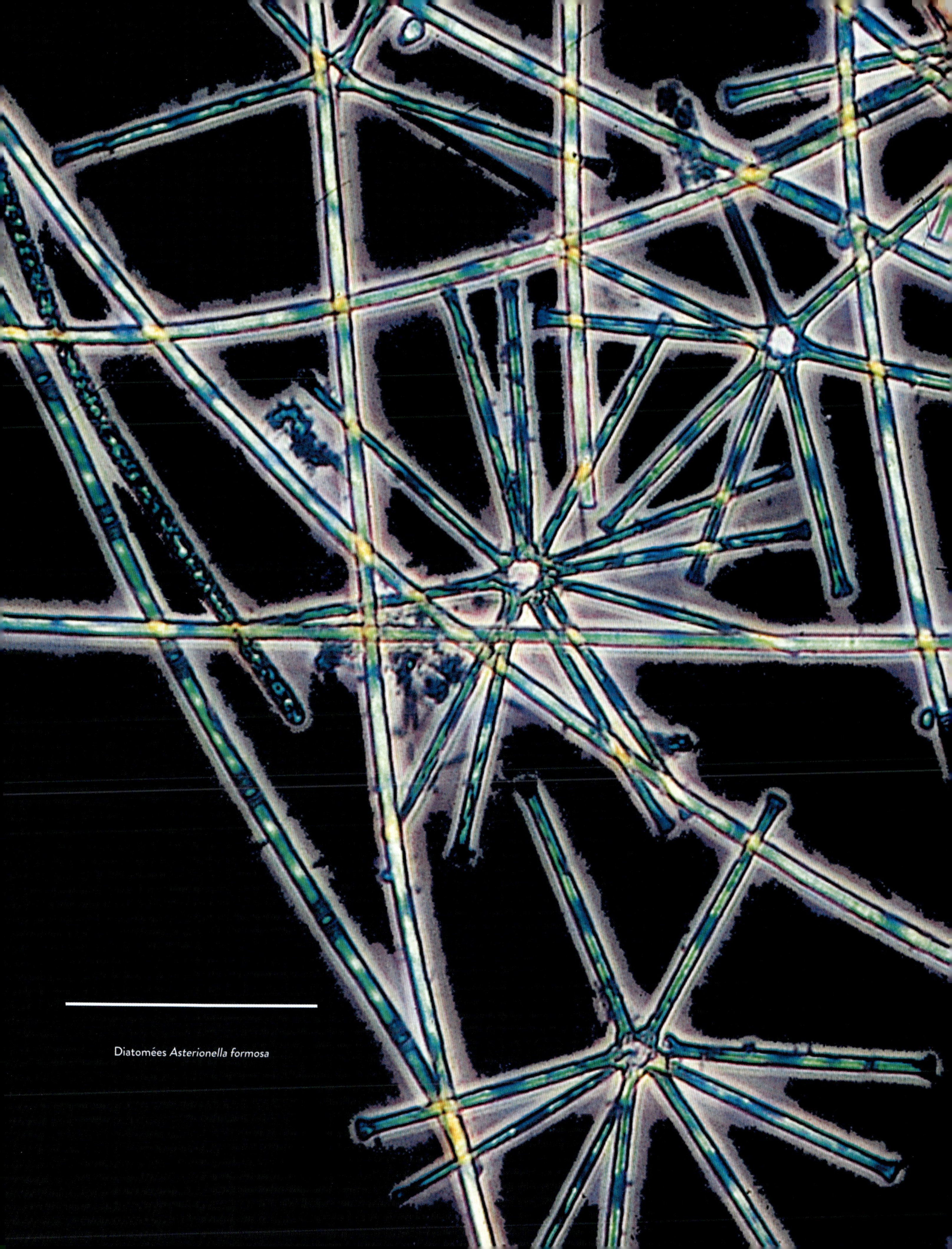

Diatomées *Asterionella formosa*

L'AZOTE, SOURCE DE VIE ?

De même, pourrait-on imaginer une vie majoritairement basée sur la chimie de l'azote, qui est capable d'établir trois liaisons avec d'autres atomes, soit juste une de moins que le carbone ? Là encore, il semble difficile de remplacer complètement le carbone par de l'azote. Le diazote (N_2), si commun dans notre atmosphère, est trop inerte pour permettre une réactivité à l'origine de macromolécules complexes. Seuls très peu d'organismes, qui possèdent une enzyme dédiée, sont aujourd'hui capables de transformer l'azote N_2 en une forme plus réactive, l'ammoniac (NH_3).

D'ailleurs, l'étymologie du mot azote nous apprend qu'il est l'association du *a* privatif, qui veut dire « sans », avec la racine grecque *zot*, qui veut dire « vivant ». Le mot azote signifie donc littéralement « privé de vie ».

En revanche, combiné au carbone, l'azote devient un élément essentiel à la vie, qui contribue à la diversité géométrique et à la réactivité des macromolécules biologiques, et que l'on retrouve en particulier dans les acides aminés des protéines.

D'OÙ VIENT LE PHOSPHORE DES MOLÉCULES DU VIVANT ?

Le phosphore est un élément incontournable des macromolécules biologiques. On le retrouve sous forme de phosphates, notamment dans les lipides des membranes cellulaires, à chaque étage de la double hélice d'ADN, ou dans l'ARN, mais aussi dans la molécule qui est au centre des métabolismes de tous les organismes vivants, l'ATP (adénosine triphosphate).

Pendant longtemps, les exobiologistes se sont demandé d'où les premières briques du vivant avaient puisé le phosphore dont elles avaient besoin. On soupçonne qu'une partie du phosphore a pu être apportée sur Terre par des pluies de météorites. Mais une fois sur Terre, le phosphore se retrouve majoritairement sous forme de phosphates insolubles, donc inaccessible pour des réactions chimiques permettant de construire les macromolécules biologiques actuelles. Toutefois, dans les lacs riches en carbonates, le phosphate existe davantage sous forme soluble et à des concentrations suffisamment élevées pour permettre son incorporation dans des molécules précurseurs de vie. Or, à l'époque de la Terre primitive, avec son atmosphère riche en CO_2, les lacs riches en carbonates étaient probablement beaucoup plus fréquents qu'aujourd'hui. Si tel était le cas, cela pourrait expliquer comment le phosphore aurait pu être incorporé dans les macromolécules du vivant et se retrouver au centre de ses métabolismes.

Concrétions de carbonate de calcium dans le lac Mono, en Californie, dont les eaux sont hypersalées et très riches en phosphore

L'EAU, UNE MOLÉCULE EXCEPTION-NELLE

POURQUOI L'EAU EST-ELLE LIQUIDE ?

Aussi étonnant que cela puisse paraître, à la pression atmosphérique et à la température moyenne de la Terre, l'eau (H_2O) ne devrait pas être liquide. Contrairement aux apparences, c'est une molécule très singulière, dont les propriétés exceptionnelles ont favorisé, et même, ont été essentielles à l'apparition et au développement de la vie.

Si on la compare à ses analogues plus lourds dans le tableau périodique des éléments (H_2S, H_2Se et H_2Te), l'eau (H_2O) devrait être gazeuse à pression et température ambiante, devenir liquide à -80 °C et se solidifier à -100 °C (voir page 18). La raison d'une telle différence avec les 100 °C et les 0 °C que nous observons, est due à la liaison hydrogène. Il s'agit d'une interaction de type faible, qui relie les différentes molécules d'eau entre elles.

À cause d'un déséquilibre de la distribution des électrons entre l'oxygène et l'hydrogène, la molécule d'eau se comporte comme une petite pile, avec un pôle positif d'un côté (côté hydrogène), un pôle négatif de l'autre (côté oxygène). On dit qu'elle est « polaire ». Cette polarité, très forte dans H_2O, conduit à la formation de cette fameuse liaison hydrogène : l'atome d'oxygène d'une molécule d'eau attire vers lui un atome d'hydrogène d'une autre molécule d'eau. Quand l'eau est liquide et que les molécules bougent librement, les molécules d'eau s'organisent en un vaste réseau mobile de molécules reliées entre elles au travers de multiples liaisons hydrogène. C'est cette cohésion qui conduit l'eau à devenir liquide à pression et température ambiante alors qu'elle devrait être gazeuse, avec des molécules d'eau beaucoup plus dispersées et éloignées les unes des autres.

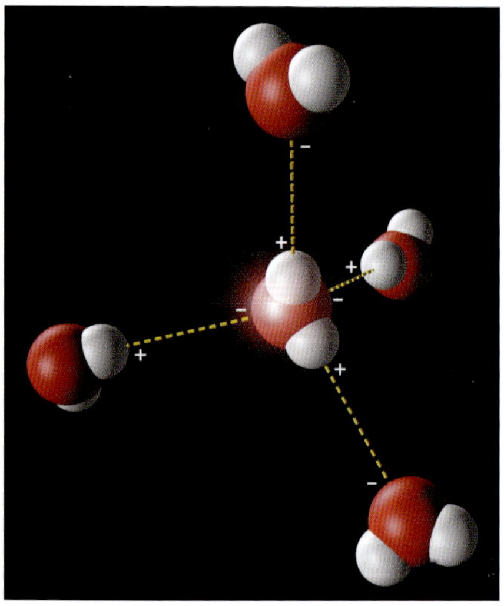

Molécules d'eau formant un réseau de liaisons hydrogène (en pointillés) entre les atomes d'oxygène (en rouge), polarisés négativement, et les atomes d'hydrogène (en blanc), polarisés positivement

Iceberg flottant dans le lagon Jökulsárlón, en Islande

ET SI LA GLACE NE FLOTTAIT PAS ?

C'est aussi à cause de cette liaison hydrogène que la glace flotte en surface. Normalement, un corps est plus dense lorsqu'il est solide que lorsqu'il est liquide, et si on le plonge dans sa phase liquide, il coule.

Dans le cas de l'eau, c'est l'inverse. Elle a un comportement complètement anormal : la glace est moins dense que l'eau liquide et, au lieu de couler, elle flotte et reste donc en surface. Quand la température diminue jusqu'au point de congélation, la liaison hydrogène pousse les molécules à s'organiser en un réseau régulier hexagonal peu dense qui se fige. On retrouve cet arrangement hexagonal dans la symétrie des flocons de neige, qui ont toujours six branches.

Le fait que la glace flotte a été une chance incroyable pour la vie. Si ce n'était pas le cas, la glace se mettrait à couler dès que la température descend en-dessous de 0 °C, une température vite atteinte aux pôles ou lors des périodes de glaciation au cours de l'histoire mouvementée de notre planète. Les lacs ou les océans se rempliraient alors progressivement de glace, jusqu'à ce qu'il n'y ait plus d'eau liquide. Au lieu de cela, la glace reste en surface et y forme un épais manteau isolant du froid glacial, permettant à l'eau de rester liquide en-dessous.

Une autre originalité de l'eau est le fait qu'elle a un maximum de densité à 4 °C, c'est-à-dire qu'entre 4 °C et 0 °C, quand la température diminue, l'eau, au lieu de se contracter et de devenir plus dense, se dilate, et le volume de l'eau augmente. Grâce à ce phénomène, l'eau à 4 °C, qui est la plus dense, coule et reste au fond des lacs et des océans toujours à cette température, tandis que l'eau plus fraîche ou gelée reste en surface. Les organismes vivants peuvent ainsi se réfugier en profondeur pour se protéger du froid glacial de l'extérieur. Cette caractéristique anormale de l'eau a incontestablement constitué un atout pour le développement de la vie au cours des glaciations et dans les zones polaires.

Cristaux de glace de flocons de neige

Chaque flocon de neige est unique, mais tous possèdent six branches, témoins de la symétrie hexagonale de la glace, qui lui confère un plus grand volume par rapport à l'eau liquide.

LES OCÉANS, STABILISATEURS DU CLIMAT

Un autre bénéfice que procure la liaison hydrogène est la nécessité d'apporter beaucoup d'énergie pour faire changer l'eau d'état. Cela explique notamment pourquoi, après un épisode de chutes de neige, celle-ci n'a toujours pas complètement fondu au bout d'une semaine de soleil et de redoux.

Pour faire fondre la neige, il faut en effet apporter beaucoup plus d'énergie que pour faire passer n'importe quel corps de l'état solide à l'état liquide. En effet, dans le cas de l'eau, il faut en plus casser toutes les liaisons hydrogène présentes dans la glace. L'eau a ainsi une inertie très forte quand il s'agit de se refroidir ou de se réchauffer.

Résultat, à l'échelle de notre planète, les océans, qui se refroidissent ou se réchauffent moins vite que les continents, tempèrent fortement le climat de la Terre, en absorbant les écarts de températures d'une saison à l'autre, ou d'une région à l'autre. Ce climat tempéré a sans aucun doute été un avantage pour que la vie se développe, sans avoir eu à s'adapter à d'importants et brusques écarts de température.

L'EAU, UN SOLVANT UNIVERSEL

Un autre avantage de l'eau, et non des moindres, est qu'elle est capable de solubiliser un nombre incroyable de molécules, des plus petites comme les ions atomiques aux molécules les plus complexes et de grosse taille qui constituent le vivant. Les sels minéraux, les glucides, les acides aminés, les protéines, l'ADN peuvent se dissoudre très facilement dans l'eau.

Quant aux lipides, qui ont une tête polaire comme la molécule d'eau, et une queue dite hydrophobe, c'est-à-dire qui se dissout très mal dans l'eau, ils vont spontanément s'organiser en formant une membrane qui se referme sur elle-même ou en vésicules, de manière à ce que les queues hydrophobes se regroupent en fuyant l'eau et que les têtes polaires soient exposées à la surface de la membrane, en contact avec l'eau. Cette organisation en membranes formant des « sacs » permet des réactions en milieu fermé, ainsi facilitées, et donc de délimiter un organisme vivant par rapport au milieu qui l'entoure. Enfin, les molécules d'eau qui solubilisent les macromolécules du vivant telles que les protéines ou l'ADN participent souvent directement aux réactions biologiques. Elles jouent donc un rôle essentiel dans le fonctionnement de la cellule.

POURQUOI FAUT-IL DE L'EAU À L'ÉTAT LIQUIDE ?

Enfin, c'est parce que l'eau est à l'état liquide sur Terre que la vie a pu apparaître. Dans un liquide, les diverses molécules qui y sont dissoutes peuvent se rencontrer facilement et réagir ensemble, s'auto-assembler, participer à un métabolisme. En revanche, dans un gaz, les molécules sont trop distantes les unes des autres pour se rencontrer suffisamment fréquemment. À l'inverse, dans un solide, les molécules ne bougent pas ou à peine, ce qui limite les assemblages et les échanges nécessaires indispensables à la vie.

Ce sont vraiment les propriétés uniques de l'eau qui, à l'état liquide, en font un solvant universel et permettent toutes les réactions conduisant à l'émergence et au développement de la vie. Aucun autre liquide ne possède ces propriétés. C'est pour cette raison que les astrophysiciens cherchent en priorité des traces d'eau liquide sur d'autres planètes, quand ils partent à la recherche d'éventuelles traces de vie présentes ou passées.

LES ORIGINES DE LA VIE SUR TERRE

Nous venons de voir que les ingrédients nécessaires à l'apparition de la vie sur Terre ont été de l'eau à l'état liquide, élément absolument indispensable à la vie, mais aussi des molécules constituées principalement de carbone, d'azote, d'oxygène et d'hydrogène. C'est ce qui a permis à un ensemble de réactions chimiques complexes de se produire.

Celles-ci ont ensuite conduit à la formation de premières structures organisées capables de s'assembler, de se reproduire, puis d'évoluer et de puiser dans leur environnement de l'énergie ainsi que les éléments nécessaires disponibles. Avec le temps, ces structures se sont complexifiées, pour finalement aboutir aux premiers « organismes » vivants, qui ont ensuite évolué pendant plusieurs centaines de millions et milliards d'années, et ont conduit à tous les êtres vivants actuels.

Mais dans le détail, comment cette chimie a-t-elle abouti à la vie d'aujourd'hui ? Quand on essaie de reconstituer les origines de la vie, deux approches peuvent être suivies. La première consiste à remonter dans le temps : c'est celle des biologistes, des géologues, des paléontologues... En se basant sur ce qui existe aujourd'hui, on peut essayer de reconstruire l'arbre du vivant – c'est ce qu'on appelle la phylogénie – et de retracer, par les liens de parentés entre organismes, l'histoire de la vie sur Terre. On peut aussi se baser sur les traces que l'évolution a laissées et sur les fossiles qui nous sont parvenus. Mais on se heurte au bout d'un moment à l'impossibilité d'avoir des traces des toutes premières cellules et de ce qu'il s'est passé avant.

L'autre approche, celle des chimistes et biochimistes, consiste alors à essayer de reconstituer en laboratoire, ou par l'observation, les conditions de la Terre primitive et de voir dans quelle mesure on peut en déduire un scénario de l'apparition de la vie sur Terre.

LES PLUS VIEILLES TRACES DE VIE

Il est difficile de savoir quand et comment la vie est apparue, alors qu'il ne reste aucun fossile des premiers organismes vivants. La tectonique des plaques, les remaniements de la surface de la terre, l'érosion, se sont chargés d'effacer les traces des plus anciennes formes de vie. Si la Terre est née il y a 4,56 milliards d'années, les roches les plus anciennes que l'on connaisse, situées au Canada, sont âgées de 4,2 milliards d'années.

On trouve également des preuves d'eau à l'état liquide dans des zircons, des petits grains de minéraux extrêmement résistants dans le temps, datant de 4,4 milliards d'années. À cette époque-là, la température à la surface de notre planète diminue, et la vapeur d'eau se condense, formant les océans. Un phénomène permis par la gravité de la Terre et par sa taille idéale en comparaison avec d'autres planètes de notre système solaire, comme Mars, plus petite, qui a perdu toute son eau, ou Jupiter, bien plus grande, qui est une planète gazeuse.

Quant aux plus vieilles traces d'activité biologique attestées sur Terre, elles remontent à 3,5 milliards d'années et sont situées au Pilbara, en Australie, et à Barberton, en Afrique du Sud. Certaines équipes de recherche revendiquent la découverte de traces plus anciennes encore, jusque quelques 3,8 milliards d'années, mais leurs résultats sont remis en question au sein de la communauté scientifique.

Ces indices d'activité biologique, preuves les plus anciennes de l'existence d'une vie primitive, sont ce qu'on appelle des stromatolithes. Il s'agit de structures sédimentaires constituées de roches feuilletées caractéristiques, formées par le dépôt calcaire de tapis de bactéries. Les rapports isotopiques des roches analysées et les images au microscope électronique indiquent que ces stromatolithes résulteraient de l'activité de bactéries semblables aux cyanobactéries actuelles et seraient capables de photosynthèse. Il s'agit donc d'organismes déjà très complexes, avec une architecture et une organisation identiques aux cellules actuelles. Ce qui veut dire que la vie est apparue très rapidement.

Quels ont donc été les processus qui ont conduit progressivement à ces organismes très élaborés ? Sans traces fossiles, les chercheurs sont contraints d'essayer de reconstituer en laboratoire ce qui a pu se passer sur la Terre primitive, de recréer les conditions de la Terre primordiale et de voir comment on est passé de la matière inerte à la matière vivante, jusqu'à aboutir à la vie actuelle. C'est ce que l'on appelle la chimie « prébiotique », c'est-à-dire « avant la vie ».

Les atomes les plus légers, comme le carbone, l'azote, l'hydrogène ou l'oxygène, constituants de la matière vivante, sont fabriqués dans les étoiles (voir chapitre 1), et les plus petites molécules organiques (méthane CH_4, ammoniac NH_3, acide cyanhydrique HCN, etc.) sont synthétisées dans les nébuleuses (voir le chapitre 5). Qu'en est-il des molécules de taille moyenne, de quelques dizaines d'atomes, celles que l'on appelle les molécules prébiotiques, comme les acides aminés et les glucides, précurseurs des polymères et macromolécules biologiques ?

De nombreux acides aminés ont été observés dans des météorites, la plus connue étant la météorite de Murchison (voir chapitre 3). L'observation d'acides aminés dans une météorite montre que des composés nécessaires à la vie peuvent se former dans l'espace et être apportés sur Terre après un voyage spatial. C'est la théorie de la panspermie, qui suppose que la vie est apparue ailleurs que sur Terre avant de l'ensemencer.

Toutefois, cette théorie ne fait que repousser ailleurs dans l'Univers la question des origines de la vie. En outre, elle n'empêche pas que la vie soit aussi apparue spontanément sur Terre si les conditions qui y régnaient étaient favorables.

LA TERRE PRIMITIVE

La terre primitive, il y a plus de 4 milliards d'années, était tout sauf hospitalière au regard de nos critères d'aujourd'hui. La surface de notre planète était recouverte d'océans, avec très peu de terres émergées, mises à part quelques îles volcaniques. Elle subissait des bombardements continus de météorites, des éruptions répétées de volcans, déclenchant des foudroiements intenses. L'atmosphère primitive contenait des gaz émis par les éruptions volcaniques, majoritairement du gaz carbonique (CO_2), de l'hydrogène (H_2), de la vapeur d'eau, et il régnait une température en surface de l'ordre de 50 à 80 °C. Il n'y avait pas encore de couche d'ozone pour bloquer le rayonnement ultraviolet du Soleil qui frappait durement la surface.

Ce n'est pas un hasard si cette période est appelée l'Hadéen, en référence au Dieu grec des enfers, Hadès. Et pourtant, ce sont dans ces conditions que la vie serait apparue sur Terre !

Vue d'artiste de la Terre primitive

En 1953, à Chicago, aux États-Unis, le jeune Stanley Miller, étudiant en thèse sous la direction du prix Nobel de chimie Harold Urey, met au point sa prochaine expérience. Il veut vérifier l'hypothèse du chimiste russe Oparin, selon laquelle les conditions de la Terre primitive auraient permis une chimie organique conduisant à la formation des premières briques élémentaires du vivant.

Il monte un dispositif expérimental destiné à reproduire en laboratoire la Terre primitive avec ses océans en ébullition. Il utilise pour cela un ballon rempli partiellement d'eau, simulant les océans, surmonté d'un mélange de gaz correspondant à l'atmosphère supposée de la Terre primitive (méthane, hydrogène, ammoniac, vapeur d'eau). Il y fixe des électrodes qui créent des arcs électriques simulant les éclairs des fréquents orages terrestres et les ultraviolets arrivant depuis le Soleil. Il chauffe le ballon et, au bout d'une semaine, il analyse les matières organiques qui se sont déposées. Il trouve plusieurs acides aminés, motifs de répétition des chaînes polypeptidiques et des protéines.

Des analyses très récentes des échantillons de Miller issus de ses expériences et soigneusement conservés montrent également la présence de quelques sucres, dont des riboses, mais aussi de bases nucléotidiques, constitutifs des molécules d'ADN ou ARN. Cette expérience, fondatrice et devenue célèbre, a révélé que dans les conditions en apparence hostiles de la Terre primitive, des molécules dites « prébiotiques » pouvaient se former spontanément !

Aujourd'hui, 70 ans plus tard, elle est beaucoup remise en question dans la communauté scientifique. La première raison est que la véritable composition de l'atmosphère terrestre primitive était beaucoup plus oxydante et probablement composée majoritairement de dioxyde de carbone (CO_2) et d'azote (N_2), ce qui ne permet plus de fabriquer les molécules organiques observées, ou alors avec un rendement extrêmement faible. En revanche, il semblerait qu'à proximité des volcans ou des sources hydrothermales, les émissions d'hydrogène étaient telles qu'elles auraient pu favoriser les réactions de l'expérience de Miller.

L'autre critique de l'expérience de Miller consiste à dire que, si les réactions permettant de fabriquer des acides aminés ont pu se faire spontanément, ces composés seraient trop instables en pleine eau et vite dégradés dans une simple « soupe » prébiotique sans autre apport d'énergie que les éclairs ou la chaleur.

Il n'en reste pas moins que cette expérience a bouleversé les études sur les origines de la vie sur Terre, en ouvrant la voie à tout un pan de recherches extrêmement actif sur la chimie dite prébiotique et sur la formation des premières molécules du vivant.

MIROIR, MON BEAU MIROIR : LA CHIRALITÉ DE LA VIE

Un mystère demeure : l'atome de carbone étant asymétrique, la plupart des molécules du vivant, en particulier les acides aminés et les sucres, peuvent exister sous deux configurations différentes, images l'une de l'autre dans un miroir. On dit qu'elles sont chirales (prononcer « kiral », du grec *kheir*, « main »), car elles ne peuvent pas se superposer, comme la main gauche et la main droite.

Il existe ainsi des acides aminés droits et gauches. Spontanément, dans une réaction chimique, les deux géométries se forment en proportions égales. Que ce soit dans les météorites ou dans l'expérience de Miller, on observe à chaque fois la même quantité des deux configurations.

Or, dans toutes les molécules du vivant, on ne retrouve qu'une seule des deux configurations : gauche pour les acides aminés, droite pour les glucides. Pourquoi la vie a-t-elle sélectionné ces configurations-là et pas les autres ? On peut comprendre que les enzymes aient besoin d'avoir toujours la même géométrie pour pouvoir y loger de manière précise les molécules dont elles vont catalyser la réaction. De même, l'ADN serait complètement tordu et illisible si les riboses, ces sucres qui constituent son ossature, alternaient de manière aléatoire entre la forme gauche et la forme droite. Mais comment la vie a-t-elle privilégié une forme donnée plutôt que l'autre ? Est-ce au départ le pur fruit du hasard, suivi d'une lente évolution ?

Des chercheurs ont constaté que, sur les météorites, l'une des deux formes était en très léger excès par rapport à l'autre, et il semblerait que ce soit également le cas dans l'espace interstellaire. De là à penser que ce serait l'origine interstellaire des molécules prébiotiques qui aurait favorisé les formes chirales du vivant, il n'y a qu'un pas, qu'il est tout de même peu prudent de franchir en l'état actuel des connaissances.

Le mystère reste entier, et aujourd'hui, on ne sait toujours pas si la vie aurait tout aussi bien pu choisir l'autre chiralité pour ses constituants élémentaires.

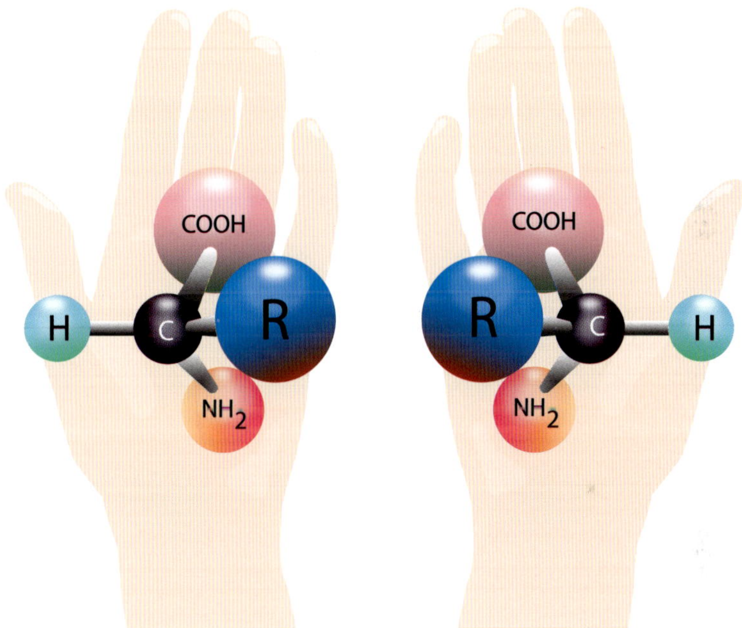

Chiralité des molécules du vivant

Les molécules du vivant telles que les sucres ou les acides aminés, sont asymétriques. Elles peuvent exister sous deux configurations différentes, images l'une de l'autre dans un miroir, et qui ne se superposent pas, comme nos mains gauche et droite. La raison pour laquelle la vie a choisi exclusivement l'une des deux symétries pour ses briques élémentaires est un mystère qui interroge la communauté scientifique.

LA PISTE DES SURFACES MINÉRALES

Plutôt que la soupe prébiotique de Miller, une autre piste pour expliquer les origines de la vie repose sur les surfaces minérales, en particulier les sulfures de fer (FeS_2), dont la pyrite, communément appelée « or des fous ». C'est notamment la théorie du chimiste allemand Günter Wächtershäuser, spécialiste des brevets, comme l'avait été en son temps un certain Albert Einstein.

À l'heure où il n'y avait pas encore d'enzymes pour catalyser les réactions biochimiques, ce sont les métaux, excellents catalyseurs chimiques, qui auraient pu remplir ce rôle. Des synthèses des premières molécules organiques pourraient avoir été catalysées par des sulfures métalliques, probablement le nickel ou le fer. Les premiers métabolismes auraient ainsi pu naître dans des cavités microscopiques de la surface minérale, formant des mini-réacteurs, et donc un milieu semi-fermé favorable à la rencontre entre molécules.

L'idée que le fer ou le nickel, associés au soufre, seraient à l'origine de la vie est confortée par la découverte de nombreuses enzymes actuelles impliquées dans des métabolismes primordiaux, et contenant justement des atomes de fer ou de nickel, avec des atomes de soufre en leur centre. Il y a fort à parier qu'il s'agisse là de vestiges des tout premiers catalyseurs prébiotiques.

LES SOURCES HYDROTHERMALES

L'hypothèse que la vie aurait pu apparaître sur des surfaces minérales de pyrite (FeS_2) est d'autant plus séduisante qu'on trouve des conditions très semblables dans les sources hydrothermales.

Celles-ci sont situées au niveau des dorsales océaniques, à des profondeurs de 2 000 ou 3 000 mètres, là où le plancher océanique s'ouvre pour former une nouvelle croûte terrestre. Les cheminées hydrothermales qui s'y trouvent sont tapissées de sulfure de fer, elles rejettent en continu des gaz dissous tels que l'hydrogène moléculaire (H_2), l'hydrogène sulfuré (H_2S), le monoxyde de carbone (CO), l'ammoniac (NH_3) et de nombreux ions métalliques (fer, zinc, cuivre, lithium...).

En revanche, ces rejets sont complètement dépourvus d'oxygène, on dit qu'ils sont en anoxie marquée. Ces émanations, directement issues des entrailles de la Terre, atteignent des températures proches de 350 °C. Malgré les températures élevées, ces fluides restent liquides, du fait des très hautes pressions qui règnent à ces profondeurs. Au contact de l'eau froide, les sulfures métalliques qui les composent précipitent, c'est-à-dire qu'ils ne sont plus solubles dans l'eau. Ils forment des agrégats noirs, comme de la poussière noire, d'où le nom de « fumeurs noirs » donné à ces cheminées hydrothermales. En retombant, ces composés s'empilent et érigent petit à petit ces cheminées.

Des expériences en laboratoire mimant ces conditions montrent qu'elles permettent une chimie prébiotique qui aurait très bien pu être à l'origine de la vie actuelle, avec la formation d'acides aminés et de divers composants de l'ADN.

Fumeur noir sur la dorsale médio-atlantique à 3000 mètres de profondeur

En outre, la roche de ces cheminées est riche en anfractuosités, ce qui permet de confiner les molécules, favorisant ainsi les synthèses organiques catalysées par les sulfures de fer et de nickel. D'autre part, en l'absence de couche d'ozone dans l'atmosphère primitive, il fallait que les molécules soient à l'abri des rayons ultraviolets du Soleil qui, autrement, auraient rapidement détruit les premières molécules formées. L'eau absorbe en partie les ultraviolets, mais dans le cas des sources hydrothermales plus proches de la surface, comme il a pu y en avoir dans l'océan primitif, ces cavités microscopiques auraient davantage encore protégé des rayons ultraviolets les précurseurs moléculaires nouvellement synthétisés, augmentant ainsi leur durée de vie.

Pour toutes ces raisons, on considère que les sources hydrothermales, et parmi elles, peut-être plus probablement les fumeurs blancs, moins chauds et moins acides, sont de bonnes candidates à l'émergence de la vie sur Terre.

Aujourd'hui les sources hydrothermales des profondeurs grouillent de vie, une vie qui a colonisé cet environnement hostile et s'y est adapté. Cette vie est complètement indépendante de la lumière et de la photosynthèse, avec un métabolisme basé sur l'énergie chimique de l'hydrogène sulfuré, que l'on appelle la chimiosynthèse.

Dans cet écosystème aux conditions extrêmes, des vers tubicoles de plus d'un mètre de long vivent en symbiose avec des bactéries dites sulfoxydantes, qui oxydent le sulfure d'hydrogène, et assurent à ces vers une conversion de l'énergie chimique en nutriments non toxiques.

D'autres organismes, appelés vers de Pompéi parce qu'ils vivent en permanence sous une pluie de cendres, profitent du gradient de température à mesure que l'on s'éloigne de l'évent et se développent à des températures comprises entre 20 °C et 50 °C. C'est là que l'on trouve aussi les records de survie aux plus hautes températures, avec des archées hyperthermophiles capables de croître à plus de 120 °C ! Des températures qui pourraient paraître surprenantes, mais à ces profondeurs-là, la pression est telle que l'eau reste liquide même au-dessus de 100 °C.

LES PREMIÈRES MACROMOLÉCULES BIOLOGIQUES

Le passage des molécules de taille moyenne aux macromolécules biologiques, par la polymérisation des briques élémentaires, reste aujourd'hui un mystère. En l'absence des enzymes actuelles, comment les acides aminés sont-ils arrivés à s'enchaîner et à former des peptides et des protéines ? Comment les glucides simples ont-ils ensuite formé de longs polysaccharides ? Comment les nucléotides ont-ils fini par former de l'ADN ou de l'ARN ?

Des théories, comme celle du chimiste britannique Graham Cairns-Smith, proposent que les premières réactions de polymérisation, aujourd'hui catalysées par des protéines enzymatiques, aient été catalysées par des surfaces minérales telles que des argiles. Cette hypothèse est effectivement confortée par des expériences réalisées en laboratoire, où différents minéraux, considérés comme des argiles de par leur organisation en feuillets, sont utilisés comme substrat catalytique pour synthétiser toutes sortes de molécules prébiotiques. La montmorillonite en particulier, une argile que l'on appelle couramment terre de Sommières, et que l'on a détectée sur Mars, a des propriétés catalytiques et structurantes qui permettent la polymérisation des acides aminés en peptides.

Il a aussi été observé la formation spontanée de petits peptides pouvant comporter jusqu'à 8 acides aminés, dans des conditions proches de celles qui entourent les volcans, ce qui ouvre d'autres possibilités encore.

LE MONDE À ARN

Chercher à élucider comment la vie est apparue sur Terre revient une fois de plus à être confronté au paradoxe de l'œuf et de la poule. Aujourd'hui, pour que l'information génétique donnant les instructions pour fabriquer les protéines d'une cellule soit lue, il faut lire l'ADN et traduire la séquence de cet ADN en séquence protéique, tout en suivant le code génétique.

Cependant, pour lire l'ADN il faut des protéines. Toutes les réactions chimiques qui ont lieu dans l'organisme, y compris la lecture ou la copie de l'ADN lors de la réplication, requièrent une catalyse, c'est-à-dire une accélération de la réaction chimique suffisante pour que la réaction puisse se faire. Ce rôle est rempli par les enzymes, des protéines qui catalysent les réactions biologiques.

Mais qui serait apparu en premier ? Les enzymes, dont le plan de fabrication est écrit dans l'ADN, ou bien l'ADN, qui a besoin de protéines pour être lu et pour se répliquer ?

En 1982, les chercheurs Thomas Cech et Sidney Altman ont fait une découverte susceptible d'apporter une réponse à cette question, qui leur a valu le prix Nobel de chimie en 1989 : ils ont observé pour la première fois un ARN capable de catalyser une réaction. Ils l'ont baptisé ribozyme, contraction de « ribonucléique » et « enzyme ».

De là est venue l'hypothèse du monde à ARN : l'ARN aurait précédé l'ADN, mais aussi les protéines aux origines de la vie : il aurait été l'unique macromolécule capable à la fois de porter une information génétique et de la lire ou d'effectuer d'autres tâches dans l'éventuelle cellule ancestrale.

Cette hypothèse très séduisante se heurte toutefois à certaines critiques, notamment parce que l'ARN est instable aux températures qui régnaient sur la Terre primitive, et parce que c'est une macromolécule beaucoup plus complexe à synthétiser que les protéines. Il est très possible que des petits ARN et les protéines les plus simples aient d'abord cohabité avant de devenir interdépendants les uns des autres.

C'est ce que suggère le chimiste John Sutherland, de l'université de Cambridge en Angleterre, qui a réussi à montrer qu'il était possible de fabriquer en même temps des précurseurs d'ARN, de protéines et de lipides à partir des conditions de la Terre primitive.

En revanche, les étapes qui ont permis la mise en place des mécanismes de traduction entre l'ARN et les protéines, grâce en particulier au code génétique qui est identique chez tous les êtres vivants sur Terre, restent encore une énigme irrésolue.

LA VIE CONTINUE-T-ELLE À APPARAÎTRE SUR TERRE ?

Si la vie est apparue sur Terre il y a quelques 4 milliards d'années, pourquoi ne continuerait-elle pas d'apparaître aujourd'hui ? Une question d'autant plus pertinente que l'on retrouve aujourd'hui encore les conditions qui ont supposément permis l'émergence de la vie et la synthèse des premières molécules du vivant, au niveau des sources hydrothermales ou à proximité des volcans.

Il est très probable que ces réactions soient toujours possibles spontanément. En revanche, elles se heurtent à une compétition féroce face à une vie qui a évolué depuis 4 milliards d'années, et qui a eu le temps de devenir redoutablement efficace dans la captation des molécules organiques et inorganiques pour son métabolisme. Cette vie d'aujourd'hui ne laisse aucune chance aux balbutiements d'une éventuelle nouvelle vie en devenir, qui ne pourra pas dépasser les stades les plus précoces de son évolution.

LES CELLULES PRIMITIVES

Comment la chimie est-elle devenue ce processus vivant que nous connaissons ? Quel a été ce point de bascule entre la chimie organique et un organisme autonome capable de se reproduire ? Comment est-on passé de l'inerte au vivant ?

Il n'existe aujourd'hui aucun fossile des premières cellules. On ne peut qu'imaginer, sur la base de ce que l'on observe aujourd'hui, comment la vie, une fois les macromolécules apparues, a pu s'organiser pour progressivement former les premières cellules et les premiers organismes vivants.

Les ancêtres des cellules actuelles, les protocellules, ont pu être assez rudimentaires. Le biochimiste russe Alexandre Oparin a émis l'hypothèse qu'il aurait pu s'agir de ce que l'on appelle des « coacervats ». Il s'agit de gouttelettes microscopiques sans membrane faites d'agrégats moléculaires, un peu comme de la gélatine, dans lesquelles peuvent se dissoudre et réagir de nombreuses substances organiques et des macromolécules biologiques. Il en existe toujours aujourd'hui, à l'intérieur même des cellules actuelles, sortes de vestiges de cette possible protocellule ancestrale. Ces coacervats étaient probablement une première étape vers des protocellules plus élaborées possédant une vraie membrane.

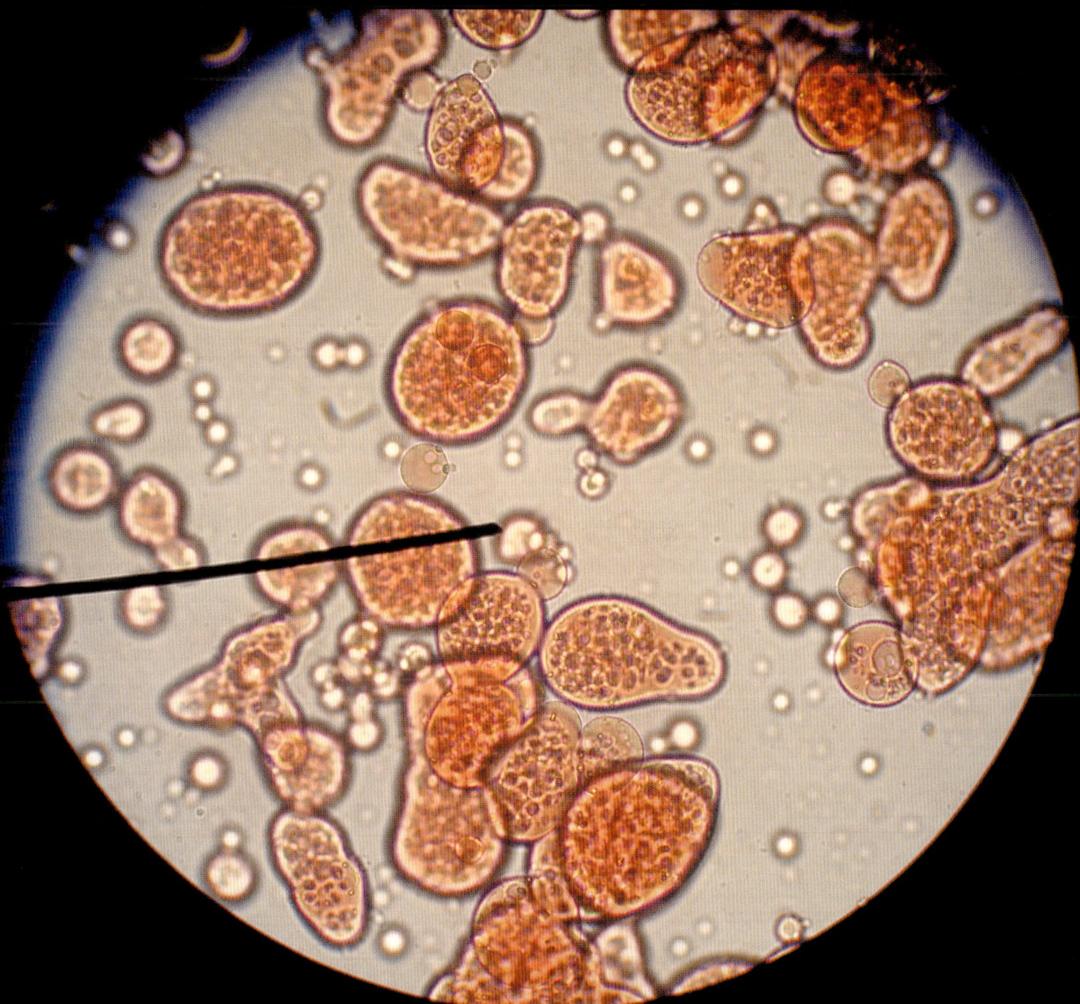

Coacervats observés au microscope

Ces sortes de gouttelettes sont des modèles possibles des protocellules qui auraient pu exister avant les cellules actuelles. Les coacervats de cette photo ont été fabriqués au laboratoire de chimie du Cégep de Drummondville, au Québec.

Quand la vie a pris son indépendance par rapport aux surfaces minérales sur lesquelles elle était fixée, selon le scénario le plus vraisemblable, il a fallu qu'elle s'entoure d'une barrière. Cette barrière aurait permis une délimitation avec l'extérieur, isolant le milieu intérieur du milieu extérieur et formant des mini-réacteurs biologiques vraiment autonomes et mobiles cette fois-ci.

Avec les premiers lipides capables de s'organiser en bicouche, les premières membranes cellulaires se sont formées. Cette nouvelle organisation favorisait une meilleure réactivité des molécules entre elles, car elles étaient moins dispersées. Elle permettait aussi une forme de réplication, avec la scission en deux de ces membranes quand l'intérieur devenait trop volumineux.

En quittant leur surface minérale, ces protocellules ont dû aussi s'affranchir des métaux qui constituaient ces surfaces minérales et qui servaient de catalyseur pour les réactions chimiques de leur métabolisme primitif. Les premières enzymes, catalyseurs biologiques, sont certainement apparues en emportant avec elles des métaux. Aujourd'hui, on retrouve ces ions métalliques au cœur des enzymes qui catalysent les réactions les plus universelles à la base de tout métabolisme. Ils témoignent de ce passage du minéral au vivant.

Ces protocellules ont ensuite évolué en se complexifiant progressivement. Il a dû y avoir initialement une grande variabilité et une grande diversité de cellules. Tant que l'ADN n'avait pas remplacé l'ARN, elles subissaient de nombreuses mutations. Parmi tous ces « essais » et « erreurs », certaines de ces cellules disparurent à jamais tandis que d'autres, mieux adaptées à l'environnement, continuèrent à se développer.

Cristaux de pyrite

La pyrite est un sulfure de fer (FeS_2), c'est le minéral sulfuré le plus abondant sur Terre. Certaines des protéines les plus ancestrales, communes à tous les organismes vivants, contiennent des atomes de fer et soufre en leur centre, probables vestiges des premières catalyses minérales avant les catalyses biologiques réalisées par les enzymes.

ÉVOLUTION DE LA VIE SUR TERRE

AUX RACINES DE L'ARBRE UNIVERSEL DU VIVANT : LUCA

En 2010, la biologiste Emmanuelle Javaux, de l'université de Liège, réussissait à prouver que les microfossiles qu'elle avait trouvés dans des roches de Barberton en Afrique du Sud, correspondaient à d'anciennes cellules vivantes datant de 3,2 milliards d'années. Il s'agit là des fossiles d'organisme vivant les plus anciens jamais découverts. Cette découverte exceptionnelle atteste formellement la présence d'une vie semblable à celle d'aujourd'hui dès 600 millions d'années après la fin du grand bombardement tardif de la Terre par des météorites. Reste à découvrir les ancêtres ou les précurseurs de ces fossiles, aux origines de la cellule actuelle.

À défaut de disposer de traces des toutes premières cellules, on peut remonter le temps pour essayer de reconstituer notre ancêtre à tous, en se basant sur les organismes existants aujourd'hui. Car effectivement, compte tenu de tous leurs points communs, tous les êtres vivants actuels descendent d'une même cellule originelle. Nous sommes tous cousins sur Terre, même si c'est à des degrés très différents.

Le dernier ancêtre commun à tous, c'est-à-dire le plus ancien, a été baptisé LUCA, pour *Last Universal Common Ancestor*, clin d'œil à sa lointaine descendante, l'Australopithèque Lucy, aujourd'hui âgée de 3,2 millions d'années. LUCA, lui, aurait environ 4 milliards d'années. À partir de ce que l'on sait des organismes actuels, il est possible d'établir quels étaient les gènes de LUCA et ainsi de dresser le portrait-robot de ce qu'a pu être en théorie cette cellule à la base de l'arbre du vivant. LUCA était déjà une cellule très complexe. Son génome était probablement fait d'ADN, et il contenait entre 200 et 400 gènes (contre quelques milliers chez les bactéries actuelles et environ 20 000 chez l'homme).

Sa source d'énergie était d'origine chimique, comme les organismes qui auraient émergé au niveau des sources hydrothermales. On dit qu'il était chimiotrophe : la racine grecque de *trophie* veut dire « nourriture », « croissance ». On la retrouve dans *atrophie* (« qui ne se développe plus ») ou *hypertrophie* (« qui se développe de manière excessive »). LUCA était donc capable de chimiosynthèse, c'est-à-dire d'utiliser l'énergie chimique des molécules inorganiques pour les convertir en molécules organiques carbonées plus grosses. La capacité à tirer l'énergie de la lumière grâce à la photosynthèse serait apparue bien plus tard.

En outre, d'autres types de cellules ont très certainement existé avant LUCA, ou ont cohabité avec lui, avant de disparaître complètement sans laisser aucune trace jusqu'à nous. LUCA est le seul dont la descendance a survécu, par sélection naturelle, celui qui a engendré tous les êtres vivants actuels.

LUCA était un organisme aquatique, et la vie restera exclusivement aquatique pendant les quelque 3,4 milliards d'années suivantes, jusqu'à que la vie colonise les terres émergées. Avec LUCA et les premières cellules vivantes, on entre dans une autre période géologique, qui commence il y a 4 milliards d'années : l'Archéen, qui veut dire « le plus ancien ». Il fait suite à l'Hadéen et à ses conditions infernales, qui fut malgré tout le berceau de la vie. Désormais, les conditions sur Terre se régulent doucement, et la vie se met à proliférer.

UNE TROISIÈME BRANCHE DU VIVANT : LE MONDE DES ARCHÉES

En 1977, le microbiologiste américain Carl Woese démontrait qu'il existait non pas deux grands domaines du vivant, avec les bactéries (cellules sans noyau) d'un côté, et les eucaryotes (les cellules avec noyau) de l'autre, mais trois grands domaines du vivant.

Il a pour cela utilisé un nouvel outil : la phylogénétique. Cette méthode permet de reconstituer l'arbre des parentés entre les espèces et leur histoire évolutive en comparant leurs séquences d'ADN, d'ARN ou de protéines. Woese, qui a choisi de comparer certains ARN du ribosome, a montré que ce troisième grand domaine du vivant regroupait les archées (prononcer « arké »), autrefois appelées archéobactéries, des organismes qui vivent le plus souvent dans des conditions extrêmes.

On a longtemps cru que les archées étaient les organismes les plus anciens, les plus « archaïques », d'où le nom qui leur a été donné. Il s'agit d'une lignée unicellulaire, sans noyau (comme les bactéries), donc procaryote également, mais qui possède beaucoup de processus cellulaires et moléculaires en commun avec les eucaryotes.

En 2015, avec la découverte des Archées d'Asgård, près d'une source hydrothermale au large de la Norvège, un chaînon manquant aurait été trouvé, établissant un lien de parenté entre les archées et les eucaryotes. On pense désormais que les eucaryotes sont nés de ce sous-embranchement d'archées, il y a environ 2,1 à 2,4 milliards d'années, après avoir définitivement incorporé par symbiose une bactérie (une alpha-protéobactérie) devenue la mitochondrie, véritable usine énergétique des cellules eucaryotes et qui permet la respiration. En revanche, on ignore toujours comment la cellule eucaryote a fini d'acquérir les caractéristiques qui la définissent, comme les compartiments internes et, surtout, le noyau.

Aucune archée n'est photosynthétique, ce qui révèle que la photosynthèse est apparue après la scission entre les archées et les bactéries, et donc après LUCA. Elles sont souvent chimiotrophes, c'est-à-dire qu'elles tirent leur énergie directement de l'énergie chimique de composés comme l'hydrogène sulfuré (H_2S), l'ammoniac (NH_3), l'hydrogène moléculaire (H_2), etc.

Grand Prismatic Spring au parc national de Yellowstone (États-Unis)

Des archées hyperthermophiles, capables de résister à des températures extrêmes, peuplent ces sources chaudes et lui donnent certaines de ses couleurs vives.

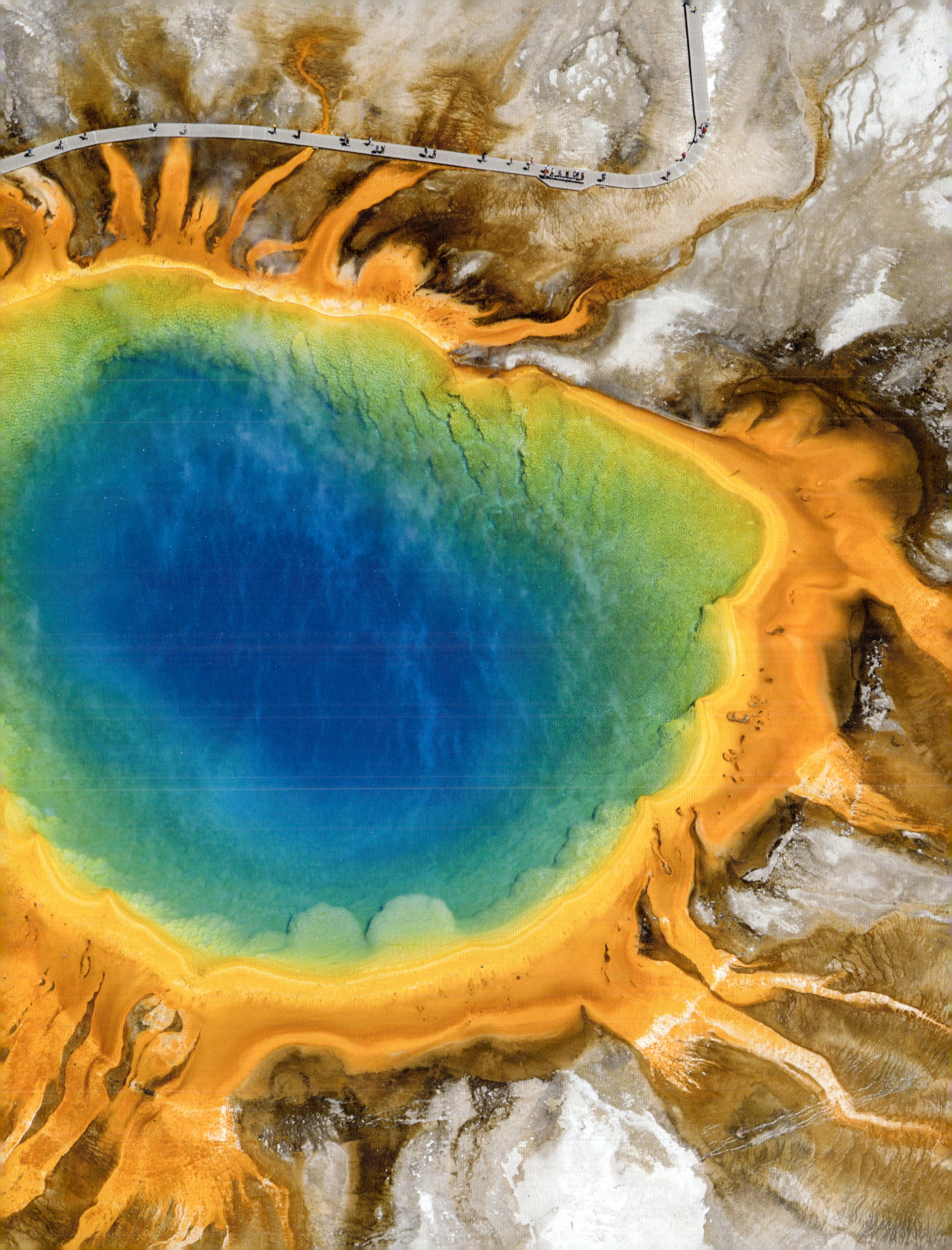

LES PREMIÈRES BACTÉRIES PHOTOSYNTHÉTIQUES

À l'instar de LUCA, les premières bactéries puisaient donc leur énergie dans la chimiosynthèse. Ce n'est que plus tard que la photosynthèse est apparue. Les bactéries sont dès lors devenues capables de convertir l'énergie de la lumière du Soleil en énergie chimique alimentant leur métabolisme. Les descendants actuels de ces bactéries photosynthétiques sont les chlorobactéries, de couleur verte et les bactéries pourpres. Les premières photosynthèses étaient anoxygéniques, c'est-à-dire qu'elles ne produisaient pas d'oxygène (O_2). Elles utilisaient probablement l'hydrogène sulfuré (H_2S) et le dioxyde de carbone (CO_2) pour produire des glucides et du soufre (S).

Cette photosynthèse est attestée par les plus anciennes traces d'activité biologiques dont on dispose, des stromatolithes vieux de 3,5 milliards d'années, découverts en Australie et en Afrique du Sud. Ces roches fossiles, formées par l'action de bactéries photosynthétiques, suggèrent la présence d'organismes vivants utilisant la lumière dès cette période-là.

En revanche, il a fallu attendre environ un milliard d'années pour que la photosynthèse oxygénique apparaisse avec l'émergence des cyanobactéries. Ces bactéries, dénommées ainsi car certaines d'entre elles ont une couleur bleu-vert (cyan), utilisent l'eau (H_2O) à la place de l'hydrogène sulfuré (H_2S) pour former des sucres à partir du dioxyde de carbone (CO_2). Ces bactéries, au lieu de rejeter du soufre, rejettent de grandes quantités d'oxygène dans l'atmosphère. Ce sont les seules bactéries capables de produire de l'oxygène par photosynthèse.

Ainsi la photosynthèse oxygénique a-t-elle irréversiblement modifié les conditions qui régnaient sur Terre et la physionomie des êtres qui s'y développaient.

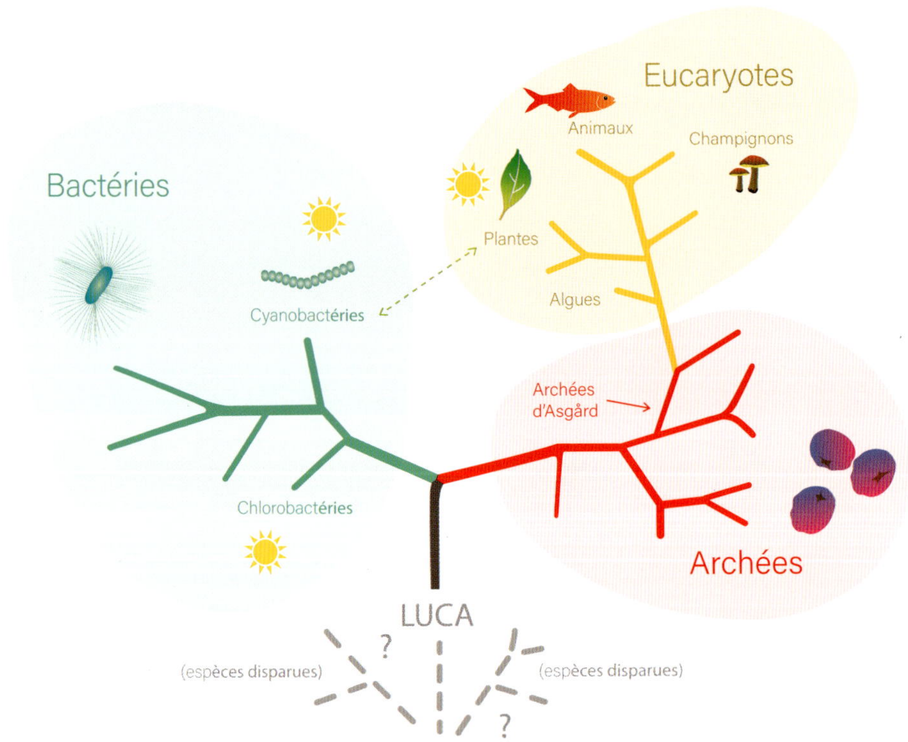

Arbre du vivant schématisé, avec en pointillé, les branches aujourd'hui disparues, contemporaines ou antérieures à LUCA. La double flèche pointillée indique également le mécanisme de symbiose qui s'est opéré entre une cellule eucaryote et une cyanobactérie, qui a conduit aux plantes et algues vertes actuelles.

LES COULEURS DE LA VIE

Les photos de la Terre vue de l'espace montrent majoritairement le bleu des océans (d'où son nom de « planète bleue »), l'ocre des terres émergées, le vert des régions à la végétation luxuriante et le blanc des nuages ou de la glace. Mais la Terre n'a pas toujours présenté ces couleurs-là.

Peu après que la Terre s'est refroidie, vers 4,4 milliards d'années, l'eau s'est condensée et a formé les océans. La Terre était alors une grande boule bleue, parsemée de quelques nuages blancs.

Le bleu de la mer vient en partie du bleu du ciel qu'elle reflète, telle un miroir. Mais la raison principale de la couleur de la mer est due au fait que l'eau absorbe d'abord les longueurs d'ondes les moins énergétiques du spectre de la lumière du Soleil, le rouge et le jaune, puis le vert, au fur et à mesure de la profondeur. Il ne reste rapidement que le bleu, à quelques petites dizaines de mètres de profondeur, phénomène que les plongeurs sous-marins connaissent bien et qui a donné son titre au célèbre film *Le Grand Bleu*.

Efflorescences algales dans la mer de Barents vues par satellite

Efflorescences algales dans la mer de Barents
vues par satellite

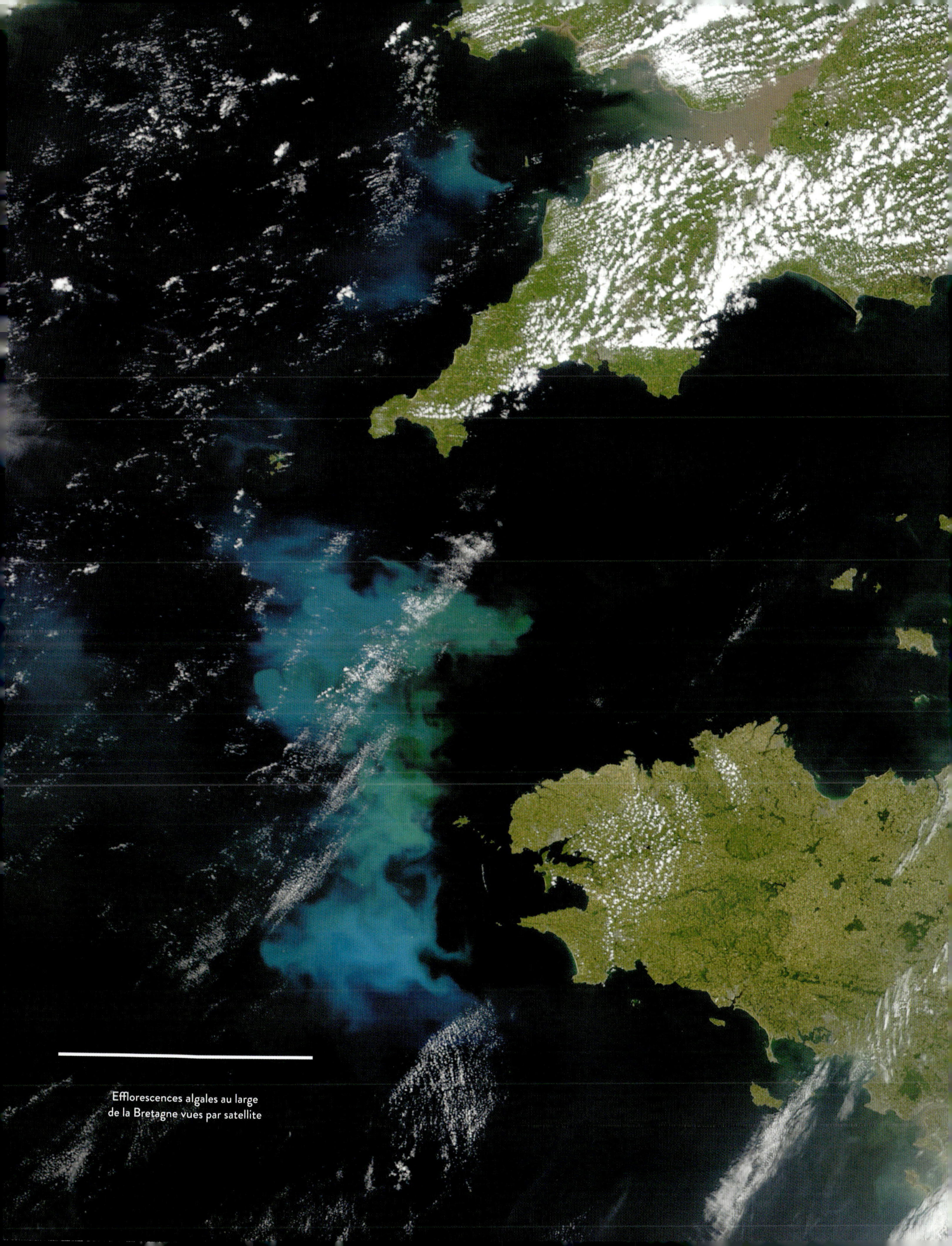

Efflorescences algales au large
de la Bretagne vues par satellite

La couleur bleue de la mer peut être toutefois fortement nuancée par ce qui s'y développe. C'est typiquement le cas lors de la présence importante de phytoplancton. Celui-ci décale les couleurs vers le vert, couleur de la chlorophylle à la base de la photosynthèse. Car le monde vivant impose lui aussi ses couleurs, trahissant sa présence sur notre planète. Et si le vert de la chlorophylle prédomine aujourd'hui, ça n'a peut-être pas toujours été le cas.

Les premiers pigments associés à l'émergence de la vie étaient invisibles pour nos yeux. Parmi les premières molécules prébiotiques apparues, certaines étaient capables d'absorber les rayons ultraviolets du Soleil et de dissiper leur haute énergie qui, sinon, aurait détruit toutes les liaisons moléculaires : certains acides aminés, comme le tryptophane, bases nucléotidiques de l'ADN et de l'ARN, sont des molécules trouvées dans des météorites ou dans les résidus de l'expérience de Miller. Une question de survie, à l'heure où le Soleil émettait plus de rayons ultraviolets qu'aujourd'hui et en l'absence de couche d'ozone protectrice.

Progressivement, le spectre du Soleil a évolué. Dans sa jeunesse, il était un peu plus rouge et un peu moins chaud. De même, la transparence de l'atmosphère de la Terre a changé, et les pigments ont suivi cette évolution. C'est ainsi que sont apparus les pigments colorés.

La plupart des pigments biologiques actuels, présents dans toutes les branches du vivant, possèdent un même noyau moléculaire central, appelé tétrapyrrole, qui trahit leur origine commune. Ils varient en fonction des chaînes latérales attachées à ce noyau et du métal qui se trouve en son centre. Il en existe aujourd'hui trois grandes familles, dont on peut citer les archétypes, avec le métal qu'ils abritent :

• les chlorophylles, qui sont globalement vertes avec des petites nuances entre toutes celles qui existent aujourd'hui et qui abritent un ion magnésium ;

• l'hème que l'on retrouve au cœur de l'hémoglobine, qui donne la couleur rouge de notre sang et qui contient un atome de fer capable de transporter l'oxygène vers tous nos organes ;

• la vitamine B12, beaucoup plus sophistiquée, à la belle couleur rose vif, qui possède en son centre un atome de cobalt (d'où le nom médical de cobalamine).

Ce qui est intéressant, c'est que les précurseurs communs à tous ces pigments peuvent être synthétisés dans des conditions proches de celles qui règnent autour de volcans ou de celles des expériences de Miller. On en a aussi découvert dans des météorites. Ces pigments étaient donc là très tôt dans l'évolution de la vie. On a même trouvé, dans des schistes noirs de Mauritanie, des fossiles moléculaires de chlorophylle datant de 1,1 milliard d'années, et de couleur rose !

Les pigments originels avaient pour vocation initiale de dissiper l'énergie du Soleil, délétère. C'est ensuite que leur rôle a été détourné, pour justement exploiter l'énergie du Soleil en tant que source primaire d'énergie. La photosynthèse est alors apparue, beaucoup plus rentable énergétiquement que la chimiosynthèse des organismes qui utilisaient comme source d'énergie une source minérale inorganique.

Plus tard dans l'évolution, d'autres pigments sont apparus, comme les caroténoïdes (dont le bêta-carotène, qui donne à la carotte sa couleur jaune orangée). Initialement, ces pigments, dits accessoires, ont le plus souvent un rôle d'antioxydant. Ils préservent les cellules des radicaux libres générés par les ultraviolets mais surtout par l'oxygène, toxique, qui s'est accumulé dans l'atmosphère quand la photosynthèse oxygénique est devenue majoritaire. Le répertoire des couleurs sur Terre s'est donc élargi progressivement pour nous offrir aujourd'hui des palettes extraordinaires, que ce soit dans le monde végétal, animal, ou dans celui des micro-organismes, pour notre plus grand émerveillement !

Marais salants à Aigues-Mortes (Camargue)

Il existe de nombreux lacs roses dans le monde : en Australie, au Sénégal, au Mexique, aux États-Unis, en Espagne, etc. Ces lacs, à la concentration en sel très élevée, doivent leur couleur rose à la présence de bactéries ou de micro-algues extrêmophiles halophiles, capables de vivre dans une eau extrêmement concentrée en sel et très riches en pigments rose-orange, dont le bêta-carotène.

LA CATASTROPHE DE L'OXYGÈNE

L'oxygène généré par les cyanobactéries lors de la photosynthèse s'est progressivement accumulé dans l'atmosphère et s'est petit à petit dissous dans les océans. Cette accumulation d'oxygène a alors déclenché un phénomène brutal, que l'on a appelé la grande oxydation, ou catastrophe de l'oxygène, phénomène révélé par des traces très marquées dans certains sédiments.

Jusqu'à présent, le fer, l'un des éléments les plus abondants sur Terre et très stable, était dissous dans les océans sous sa forme soluble de fer ferreux, non oxydé. Avec l'accumulation d'oxygène dissous dans l'eau, il s'est oxydé en fer ferrique, il s'est en quelque sorte rouillé. Or, le fer sous forme oxydée est insoluble. Il a alors massivement précipité au fond des océans, où il s'est déposé en retombant et en formant des strates rouges caractéristiques, les gisements de fer rubanés. D'après la datation de ces couches géologiques, la catastrophe de l'oxygène s'est produite il y a environ 2,4 milliards d'années.

Une première conséquence a été le début de la constitution progressive de la couche d'ozone dans l'atmosphère, l'oxygène (O_2) se transformant en ozone (O_3) sous l'effet des rayonnements ultraviolets du Soleil. La vie a commencé à être mieux protégée de ces rayonnements destructeurs, ce qui a favorisé sa biodiversité.

En revanche, cette vie a dû faire face à une catastrophe écologique majeure, car l'oxygène est un véritable poison ! La vie jusque-là était strictement anaérobie, c'est-à-dire qu'elle se développait en l'absence d'oxygène. Or, avec l'accumulation massive d'oxygène dans l'atmosphère, et sous forme dissoute dans les océans, la vie a dû mettre en place des mécanismes adaptatifs, en produisant des antioxydants pour se protéger des radicaux libres générés par l'oxygène.

De nombreux micro-organismes n'y sont pas parvenus et ont définitivement disparu, ce qui a conduit à la toute première extinction majeure que notre planète ait connue. D'autres se sont réfugiés dans des endroits plus pauvres en oxygène, comme à proximité des sources hydrothermales, où ils ont pu conserver leur mode de vie anaérobie. Enfin, ceux qui ont réussi à s'adapter à la toxicité de l'oxygène sont devenus des organismes dits aérobies, c'est-à-dire capables de vivre en présence d'oxygène et qui s'en servent comme source d'énergie. Ce sont ceux-là qui sont devenus aujourd'hui majoritaires et sont à l'origine de l'incroyable biodiversité actuelle de notre planète.

Cette étape est marquée par le passage à une autre période géologique, le Protérozoïque (du grec *próteros*, « premiers », et *zôikós*, « animal », que l'on retrouve dans le mot « zoo ») : l'ère des tout premiers animaux.

Formation rubanée riche en fer, dans le parc national de Karijini en Australie

Les strates rouges révèlent l'épisode de la grande oxydation datant de l'Archéen.

LE SAVIEZ-VOUS ?

COMMENT LA LUNE AURAIT FAVORISÉ L'AUGMENTATION DE L'OXYGÈNE DANS L'ATMOSPHÈRE TERRESTRE

La durée du jour n'a pas toujours été de 24 heures. La variation de cette durée est due à l'interaction de la Lune avec la Terre au cours de leur histoire. En effet, les forces de marées, liées à la gravitation mutuelle qui s'exerce entre la Terre et la Lune, ont des conséquences à long terme plus importantes que les simples flux et reflux quotidiens de la mer et des océans sur nos côtes.

D'une part, la Lune s'éloigne progressivement de la Terre. De quelques centimètres par an certes, mais quand le processus s'accumule sur des milliards d'années, cela totalise des dizaines de milliers de kilomètres.

D'autre part, la rotation de la Terre ralentit d'environ deux millièmes de seconde par siècle. On calcule ainsi que la durée du jour était de 22 heures il y a 400 millions d'années, ce que l'on vérifie en observant les anneaux de croissance quotidiens de certains coraux fossilisés, et de 16 heures il y a plus de 2 milliards d'années.

Il se trouve que le taux d'oxygène dans l'atmosphère a considérablement augmenté lorsque la durée du jour a atteint une vingtaine d'heures, avec le ralentissement de la vitesse de rotation de la Terre. Des chercheurs se sont demandé s'il y avait un lien entre les deux phénomènes.

Pour vérifier cette hypothèse, ils ont mesuré la quantité d'oxygène dégagé au cours de la journée par des tapis de cyanobactéries dans le lac Huron, en Amérique du Nord. L'écosystème dans les profondeurs de ce lac ressemble en effet à celui qui existait dans les océans il y a 2 ou 3 milliards d'années. Les chercheurs ont alors constaté que dans cet écosystème, les cyanobactéries mettaient plusieurs heures avant de dégager beaucoup d'oxygène. Des simulations sur ordinateur ont ensuite confirmé qu'un allongement de la durée du jour a permis aux cyanobactéries de produire beaucoup plus d'oxygène.

Ces résultats pourraient expliquer pourquoi le taux d'oxygène dans l'atmosphère a soudainement augmenté il y a un peu plus de deux milliards d'années. Si la Lune n'avait pas ralenti le cycle jour-nuit de notre planète, qui sait si les eucaryotes et les multicellulaires seraient apparus un jour ?

COMMENT LA MULTICELLULARITÉ EST-ELLE APPARUE ?

L'accumulation d'oxygène dans l'atmosphère a permis l'apparition de métabolismes plus énergétiques et d'organismes vivants plus complexes. À partir de là, certaines cellules sont devenues plus grandes, puis se sont transformées en cellules eucaryotes. Le plan d'organisation interne de la cellule évolue, elle se compartimente, acquiert un noyau et des mitochondries, lieu de la respiration cellulaire. Certaines incorporent une cyanobactérie qui, par symbiose, deviendra le chloroplaste, lieu de la photosynthèse chez les algues et les futures plantes.

Les détails évolutifs de l'apparition des premiers eucaryotes restent encore nimbés de mystère, d'autant qu'il ne reste quasiment aucune trace de cette époque. En revanche, ces eucaryotes ont ensuite donné naissance à des organismes pluricellulaires, lesquels ont laissé plus tard des empreintes fossiles qui permettent de mieux retracer leur histoire.

La multicellularité a commencé avec de simples assemblages de cellules identiques, issues de divisions successives. Ces cellules adhéraient entre elles pour donner une morphologie reproductible, mais elles communiquaient et échangeaient peu les unes avec les autres.

La multicellularité complexe est apparue ensuite directement du fait de l'accumulation d'oxygène dans l'atmosphère. On identifie six branches distinctes dans lesquelles la multicellularité complexe est apparue par des mécanismes indépendants au cours de l'évolution. Dans ces êtres vivants, les cellules sont spécialisées, elles échangent entre elles de l'information, de l'énergie, de la matière, elles sont interdépendantes, avec un plan d'organisation et un partage des tâches précis au sein de l'organisme vivant.

Reconstruction virtuelle (par microtomographie) de la morphologie d'un fossile gabonais

Un des plus anciens macrofossiles multicellulaires complexes et organisés découverts à ce jour, trouvé au Gabon par une équipe menée par Abderrazak El Albani du laboratoire Hydrogéologie, argiles, sols et altérations (Hydrasa)

Pendant longtemps, on a cru que les plus anciens organismes multicellulaires étaient apparus il y a environ 600 millions d'années. En 2010, une découverte capitale, réalisée par l'équipe du géologue Abderrazak El Albani, de l'université de Poitiers, a fait sensation en reculant la date d'apparition des pluricellulaires de 1,5 milliard d'années, grâce à la découverte des traces fossilisées d'organismes pluricellulaires les plus anciens jamais observés jusqu'alors.

Trouvés dans les bassins sédimentaires de Franceville, au Gabon, ces fossiles mesurant jusqu'à plusieurs centimètres de long remonteraient à 2,1 milliards d'années ! Cela veut dire que la pluricellularité est apparue très rapidement après la grande oxydation et l'apparition des premiers eucaryotes.

Ces recherches ont également montré que ces êtres vivants se développaient dans un milieu marin relativement calme et peu profond (20 à 30 mètres de profondeur), riche en oxygène. Toutefois, cette faune extraordinaire se serait éteinte au bout de quelques centaines de millions d'années seulement, suite à une baisse de la teneur en oxygène de l'atmosphère il y a 1,9 milliard d'années. Sur la base des fossiles connus à ce jour, il faudra attendre plus d'un milliard d'années avant que d'autres organismes multicellulaires apparaissent.

Cyanobactéries formant des filaments

La multicellularité a complètement refaçonné la diversité biologique de la Terre. On a aussi découvert qu'elle n'était pas exclusive aux eucaryotes : des bactéries, comme les cyanobactéries, peuvent s'assembler en une centaine de cellules, sous la forme de filaments ou d'agrégats, avec des adhésions et des modes de communication intercellulaires, ainsi qu'une spécialisation, certes sommaire, des cellules.

Par la suite, la reproduction sexuée, apparue il y a 1,5 milliard d'années, a permis un brassage génétique très important. Ce brassage a conduit à une plus grande variabilité d'espèces et donc à une plus grande adaptabilité aux conditions environnementales changeantes. La multicellularité confère ainsi un avantage évolutif majeur, celui qui a probablement le plus transformé le monde vivant au cours de son histoire. Une plus grande taille, une plus grande longévité, une meilleure adaptabilité... Toutes ces évolutions ont permis à de nouveaux êtres vivants de coloniser des endroits de notre planète qui n'auraient probablement jamais été accessibles à des organismes unicellulaires.

L'ÉPISODE DE LA TERRE BOULE DE NEIGE ET L'EXPLOSION DU CAMBRIEN

Dans l'histoire de la Terre, un autre bouleversement exceptionnel a radicalement changé la physionomie de notre planète et de la vie qui y régnait. Il y a environ 700 millions d'années, la Terre a subi une catastrophe climatique majeure, avec une succession de plusieurs glaciations massives, dont une que l'on a appelée l'épisode de la « Terre boule de neige ».

Pour des raisons qui restent à éclaircir, la température à la surface du globe a chuté considérablement, et la planète s'est presque entièrement recouverte de glace, comme une boule de neige. Pendant cette glaciation, la température moyenne en surface était de l'ordre de - 50 °C, la même qu'en Antarctique aujourd'hui. La vie a alors subi une extinction massive. Malgré tout, elle a survécu à cette très forte glaciation, sans que l'on sache exactement comment. Le sujet agite de nombreux débats, notamment sur l'éventualité de bandes équatoriales libres de glace qui auraient pu lui servir de refuge.

L'accumulation de dioxyde de carbone dans l'atmosphère, un puissant gaz à effet de serre émis par les volcans, a fini par faire remonter les températures, et la Terre est sortie de cette période de glaciation intense quelques dizaines de millions d'années plus tard.

La Terre boule de neige

La vie, qui avait failli complètement disparaître, voit après cet épisode sa biodiversité exploser de manière spectaculaire. C'est ce que l'on appelle l'explosion du Cambrien, qui date de - 542 millions d'années. Une véritable révolution est en marche. Les êtres vivants actuels, en particuliers les pluricellulaires, seraient tous les descendants des survivants de cette glaciation. Suite à l'extinction qui vient de se produire, de nouvelles niches écologiques sont devenues libres, les conditions redeviennent favorables à la vie.

En outre, le champ magnétique terrestre subit à cette période des instabilités. À chaque inversion, il laisse passer des particules en provenance du Soleil, ce qui augmente la fréquence des mutations génétiques.

Tout cela contribue à l'explosion de la biodiversité. La vie invente de nouveaux plans d'organisation d'une complexité croissante, autant de plans que l'on retrouve aujourd'hui chez les pluricellulaires actuels, comme la bilatéralité, la présence de coquilles ou de squelettes.

Même si la faune avait commencé à se diversifier avant l'explosion du Cambrien, pendant la période qu'on appelle l'Édiacarien, il y a environ 600 millions d'années, c'est vraiment à ce moment-là qu'apparaît toute la diversité de la faune actuelle. La vie, restée aquatique depuis 3,4 milliards d'années, part à la conquête des terres émergées. Elle devient terrestre pour la première fois, à commencer par les végétaux, puis les animaux. Les marées, qui découvrent et recouvrent la roche par un mouvement de balancier, favorisent cette migration. Avec la prolifération des algues vertes dans les océans, le taux d'oxygène atmosphérique remonte drastiquement. Il atteint un pic avant de redescendre à des valeurs proches des 21 % actuels, ce qui favorise l'apparition d'êtres plus grands et plus complexes. La couche d'ozone se consolide, protégeant davantage encore ces nouvelles formes de vie, tout particulièrement celles qui quittent l'environnement aquatique et sont donc plus exposées.

Fossiles typiques d'espèces apparues lors de l'explosion du Cambrien

A, D, G, I : Arthropodes du Cambrien inférieur, dont un trilobite (I).
B, C, E : Arthropodes « bivalves ».
F : Appendice d'arthropode constitué d'un endopode locomoteur et d'un exopode filamenteux (fonction respiratoire probable).
H : Arthropode *Ercaia minuscula*.
J : Chancelloride possédant des sclérites triradiées.
K : Mollusque.
L : Accumulation de coquilles coniques de hyolithes.

Avec le Cambrien, on entre dans une nouvelle ère géologique : le Paléozoïque (du grec *palaïos*, « vieux, ancien », et *zôikós*, « animal », soit l'ère des animaux anciens). Le Paléozoïque est communément appelé l'ère primaire.

S'ouvre désormais la possibilité de retracer beaucoup plus finement les évolutions de la vie sur la Terre, grâce à tous les sédiments fossiles qui se déposent au cours du temps. L'ensemble des ères suivantes, incluant l'ère paléozoïque, forme ce que l'on appelle le Phanérozoïque, le grec *phaneros* signifiant « visible, détectable ».

DARWIN ET L'ÉVOLUTION DES ESPÈCES

Il est impossible de parler des origines de la vie sans évoquer Charles Darwin, auteur du fameux ouvrage *L'Origine des espèces*, paru en 1859, qui révolutionna les sciences en général, et la biologie en particulier.

Darwin avait observé que les espèces évoluent au cours du temps et qu'elles peuvent se transformer en une autre espèce au fil des générations. Les êtres vivants ne se reproduisent jamais de manière identique, et à chaque descendance, chaque reproduction, malgré les mécanismes de réparation des erreurs, des mutations se produisent sur l'ADN. En s'accumulant au fil des générations, ces mutations finissent par engendrer une nouvelle espèce suffisamment différente de l'espèce initiale : on appelle ce phénomène la spéciation.

Cette spéciation contribue à la biodiversité. C'est le principe même de l'évolution des espèces, mais aussi ce que Darwin a appelé la sélection naturelle : dans un contexte de compétition, l'espèce la mieux adaptée aux conditions environnementales du moment est plus avantagée par rapport aux autres, et c'est celle qui survivra. D'où les phénomènes d'extinctions lors de changements environnementaux majeurs : disparition d'un prédateur, modification des conditions climatiques, etc.

Darwin le supposait déjà : ce principe d'évolution des espèces et de sélection naturelle implique que nous descendons tous du même ancêtre commun. Pour tracer ces liens de parenté, on établit un arbre du vivant, ou arbre phylogénétique, de la même manière qu'un arbre généalogique.

Charles Darwin (1809-1882)

Autrefois basés sur les caractéristiques et les ressemblances extérieures (le phénotype) des différentes espèces, ces arbres du vivant sont aujourd'hui construits sur des bases moléculaires et s'appuient désormais sur les séquences d'ADN, d'ARN ou de protéines des espèces à comparer. L'idée est de suivre directement la propagation des mutations et les liens de parenté qui en découlent. C'est ce que l'on appelle un arbre phylogénétique.

C'est ainsi que le microbiologiste américain Carl Woese, en comparant des ARN de ribosomes chez des procaryotes, a pu montrer que les archées faisaient partie d'une branche du vivant distincte des bactéries. C'est ce même arbre qui a permis de remonter, pour toutes les espèces, vers leur ancêtre commun. Il a permis d'établir la carte génétique de LUCA, la première cellule ou, plus probablement, la seule qui a survécu et a engendré tous les organismes vivants d'aujourd'hui.

En supposant que ces mutations se produisent relativement régulièrement dans le temps, on peut aussi dater l'apparition de certaines espèces en utilisant ce que l'on appelle des horloges moléculaires. Par exemple, on date de cette manière l'apparition du premier animal comme étant une éponge, il y a 600 à 700 millions d'années, et celle des premiers hominidés à 7 millions d'années, âge de Toumaï, le plus vieux fossile d'hominidé connu.

LACA : dernier ancêtre commun aux Archées
(Last Archaeal Common Ancestor)

LECA : dernier ancêtre commun aux Eucaryotes
(Last Eukaryotic Common Ancestor)

LBCA : dernier ancêtre commun aux Bactéries
(Last Bacterial Common Ancestor)

LGCA : dernier ancêtre commun aux Gracilicutes
(Last Gracilicutes Common Ancestor)

LTCA : dernier ancêtre commun aux Terrabactéries
(Last Terrabacteria Common Ancestor)

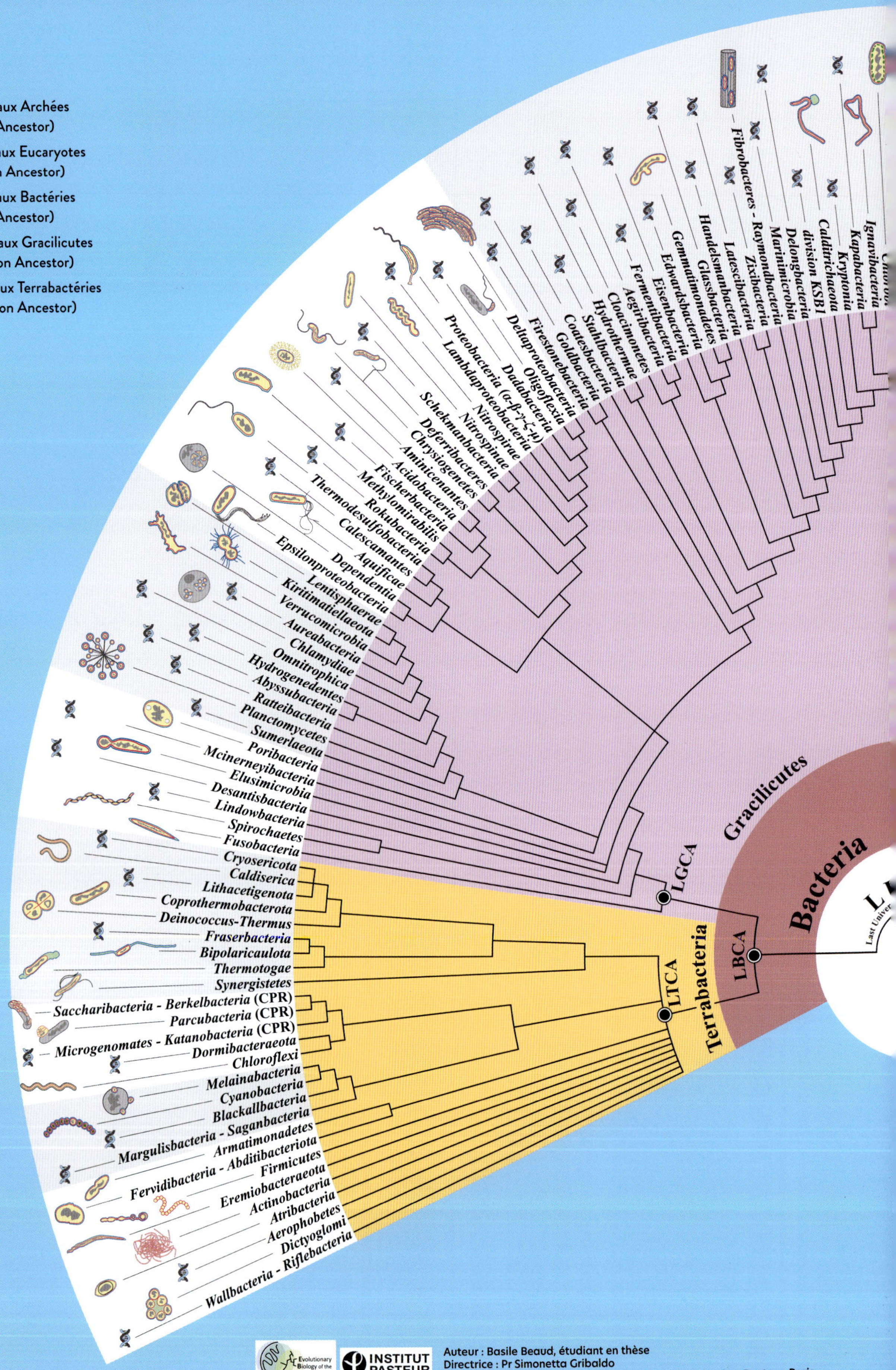

Auteur : Basile Beaud, étudiant en thèse
Directrice : Pr Simonetta Gribaldo
Unité Biologie Evolutive de la Cellule Microbienne, Institut Pasteur, Paris

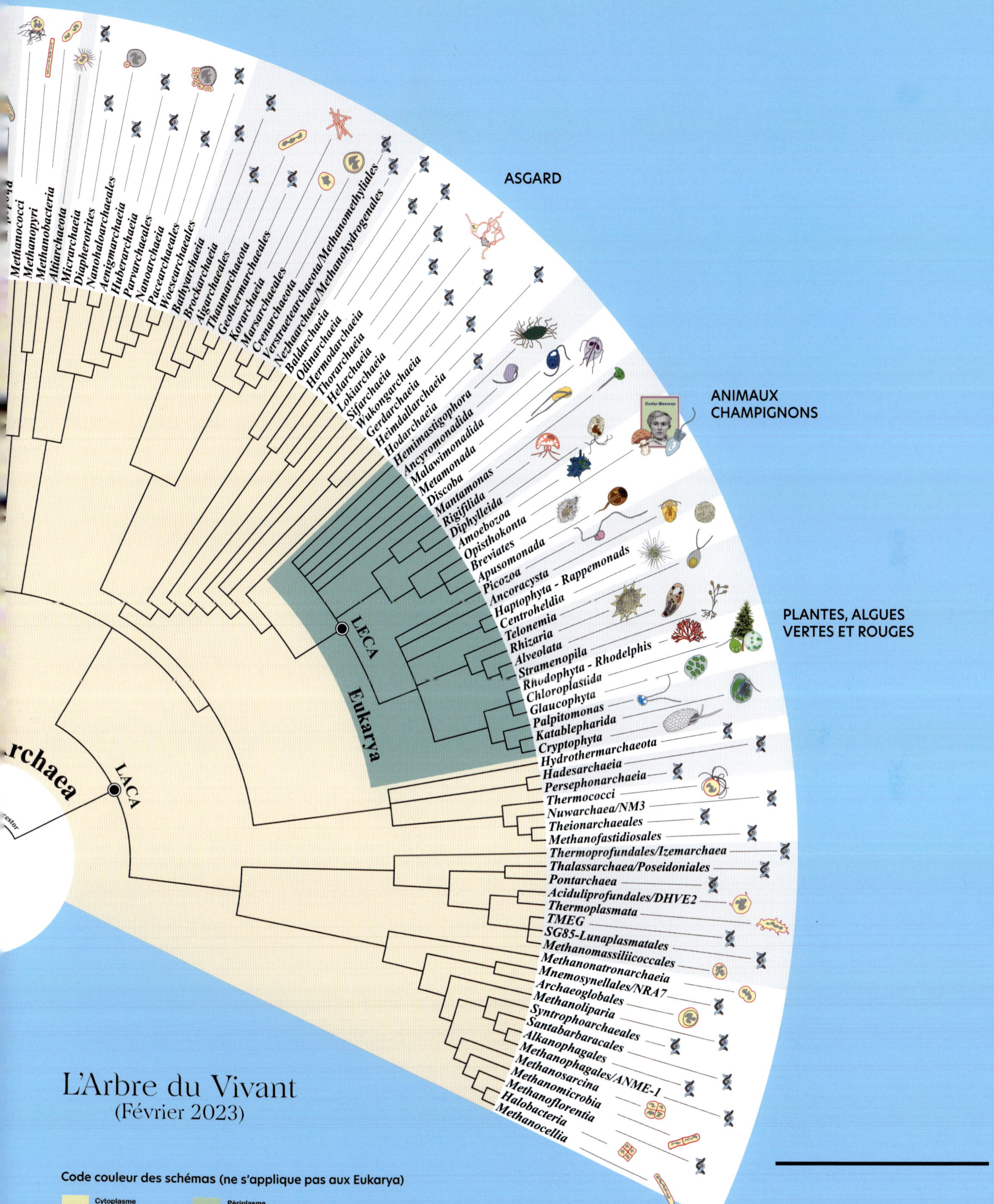

Arbre phylogénétique des espèces vivantes

Code couleur des schémas (ne s'applique pas aux Eukarya)

- Cytoplasme
- Nucléoïde
- Membrane cytoplasmique
- Périplasme
- Membrane externe
- Couche de composition inconnue
- Non cultivé en laboratoire

Cette figure a été construite à partir de plusieurs arbres phylogénétiques récents publiés dans la littérature :

Bacteria: Witwinowski, J., Sartori-Rupp, A., Taib, N. et al. An ancient divide in outer membrane tethering systems in bacteria suggests a mechanism for the diderm-to-monoderm transition. Nat Microbiol 7, 411–422 (2022). https://doi.org/10.1038/s41564-022-01066-3
Megrian D, Taib N. Jaffe A, Banfield J, Gribaldo S* (2022). Ancient origin and constrained evolution of the division and cell wall (dcw) gene cluster across Bacteria. Nat Microbiol (in press)

Archaea: Garcia PS, Gribaldo S, Borrel G. Diversity and Evolution of Methane-Related Pathways in Archaea. Annu Rev Microbiol. 2022 Sep 8;76:727-755. doi: 10.1146/annurev-micro-041020-024935. Epub 2022 Jun 27. PMID: 35759872.

Eukarya: Burki, F., Roger, A. J., Brown, M. W., & Simpson, A. G. B. (2019). The new tree of eukaryotes. Trends in Ecology & Evolution. https://doi.org/10.1016/j.tree.2019.08.008

LA DISPARITION DES DINOSAURES

L'histoire des animaux sur Terre a été chaotique. L'exemple le plus célèbre est celui des dinosaures, parmi les plus grands animaux ayant existé sur Terre, apparus il y a 230 millions d'années et qui ont disparu brutalement il y a 65 millions d'années. Que sait-on aujourd'hui des causes de cette disparition ?

L'analyse des roches sédimentaires de l'époque de la disparition des dinosaures montre un excès d'iridium important dans la croûte terrestre, à la limite entre le Crétacé et le Tertiaire. Or cet élément, rare sur Terre, est de 100 à 1 000 fois plus abondant dans les météorites. D'où l'idée qu'un cataclysme d'origine astronomique pourrait être la cause de l'extinction d'espèces animales sur Terre, extinction que l'on sait très rapide, d'après l'examen des fossiles de cette époque.

Une analyse approfondie a montré qu'il y avait aussi dans ces couches sédimentaires de petites sphérules de verre, comme il s'en forme lorsque des roches fondues sont éjectées de cratères d'impact.

Qui plus est, on relève sur Terre de grands cratères d'impact remontant à cette époque, dont un de 180 km de diamètre, sur la côte nord du Yucatán (au Mexique), daté avec grande précision (par mesure de rapport isotopique) de 65 millions d'années et connu sous le nom de cratère de Chicxulub. Un forage réalisé en 2002 a permis de retrouver, à une profondeur de 800 à 900 m, des fragments de la météorite responsable. Il s'agirait d'une chondrite carbonée qui devait mesurer une dizaine de kilomètres de diamètre.

La disparition des dinosaures ne serait pas due à l'effet direct de l'impact d'un astéroïde ou d'une comète, dont les dégâts sont relativement localisés, ni même aux gaz éventuellement apportés par une comète dans l'atmosphère terrestre. L'impact aurait provoqué un tel dégagement de poussière que le climat terrestre en aurait été affecté, avec un refroidissement marqué. De plus, la nuit créée par l'écran de poussière aurait arrêté la photosynthèse pendant plusieurs mois, provoquant l'effondrement de la chaîne alimentaire. Le manque de nourriture aurait amené les dinosaures herbivores à disparaître en premier, suivis par les carnivores. En revanche, les petits mammifères auraient survécu à la catastrophe.

Avec la disparition des dinosaures se termine le Mésozoïque (du grec *mésos,* « moyen, médian », l'ère des animaux intermédiaires), autrement appelée ère secondaire. L'ère mésozoïque avait commencé il y a 250 millions d'années, suite à l'extinction Permien-Trias, une autre extinction majeure dont les causes, encore mal identifiées, sont probablement multiples. De nombreuses hypothèses sont avancées pour cette autre extinction ayant conduit à l'ouverture du Mésozoïque, dont des changements environnementaux drastiques, eux-mêmes dus à la tectonique des plaques ou à une catastrophe ponctuelle (éruption d'un supervolcan, chute d'un astéroïde... ?)

Vue d'artiste de l'impact d'un astéroïde qui a provoqué la disparition des dinosaures

Au cours de la lente évolution des hominidés, un seul est parvenu jusqu'à aujourd'hui : *Homo sapiens*, apparu probablement en Afrique il y a 200 000 ou 300 000 ans, avant de conquérir l'Europe, l'Asie puis, il y a seulement 15 000 ans, les Amériques, à la faveur d'une glaciation qui a asséché le détroit de Béring.

Cette dernière période, qui a commencé après l'extinction des dinosaures et qui se poursuit aujourd'hui encore, est appelée le Cénozoïque (du grec *kaïnos*, « nouveau », l'ère des nouveaux animaux). Elle englobe ce que l'on appelait auparavant les ères tertiaire et quaternaire.

Moulage du crâne de Toumaï

Daté de 7 millions d'années,
c'est le plus vieux fossile d'hominidé connu à ce jour.

LA BIOSPHÈRE ET LA TERRE, UN ÉQUILIBRE SANS CESSE PERTURBÉ

Toute période géologique commence et se termine systématiquement par des changements drastiques de l'environnement à la surface de notre planète, conduisant à de grandes extinctions, puis à des modifications fondamentales de la biodiversité. La vie a évolué au gré d'une succession de bouleversements causés par les convulsions environnementales de la Terre.

Notre planète est effectivement soumise à des équilibres instables et fluctuants de tout ce qui la constitue : ses océans, son atmosphère, ses continents, son activité volcanique, son champ magnétique, mais aussi sa biosphère. Tous interagissent et façonnent notre planète.

La vie elle-même a modifié la composition de l'atmosphère, elle contribue à l'élaboration des roches, sédimentaires et carbonées notamment. En retour, elle subit et doit s'adapter aux conditions atmosphériques, à la température, à la composition et au pH des océans, à la disponibilité de minéraux ou de substrats rocheux. Elle subit et participe tout à la fois à ces perturbations. Hier, avec les cyanobactéries, elle a apporté l'oxygène dans l'atmosphère ; aujourd'hui, par nos activités humaines, c'est le taux de gaz carbonique qui augmente, induisant une élévation de la température globale à une vitesse vertigineuse.

Comme à chaque fois, la vie s'adaptera, au prix certainement d'une autre extinction qui semble déjà montrer ses prémices – la question étant de savoir si cette extinction nous inclura ou non.

Notre planète et sa biosphère sont aussi en interaction avec le reste de l'Univers. Certains événements catastrophiques extérieurs nous le rappellent, comme les chutes de météorites, les irradiations cosmiques ou les interactions durables avec un satellite, qui peuvent modifier de manière brutale ou progressive l'histoire évolutive et chaotique de la vie.

La seule constante, qui a sans doute permis à la vie de se maintenir depuis 4 milliards d'années, malgré les extinctions massives et récurrentes, est la présence continue d'océans sur notre planète. Indiscutablement, la vie est extrêmement résiliente. Si un déterminisme imposé par les lois de la physique et de la chimie est à l'œuvre pour gouverner ces équilibres, le hasard a joué et continue de jouer un rôle capital dans les orientations prises au cours de l'évolution de la vie sur Terre.

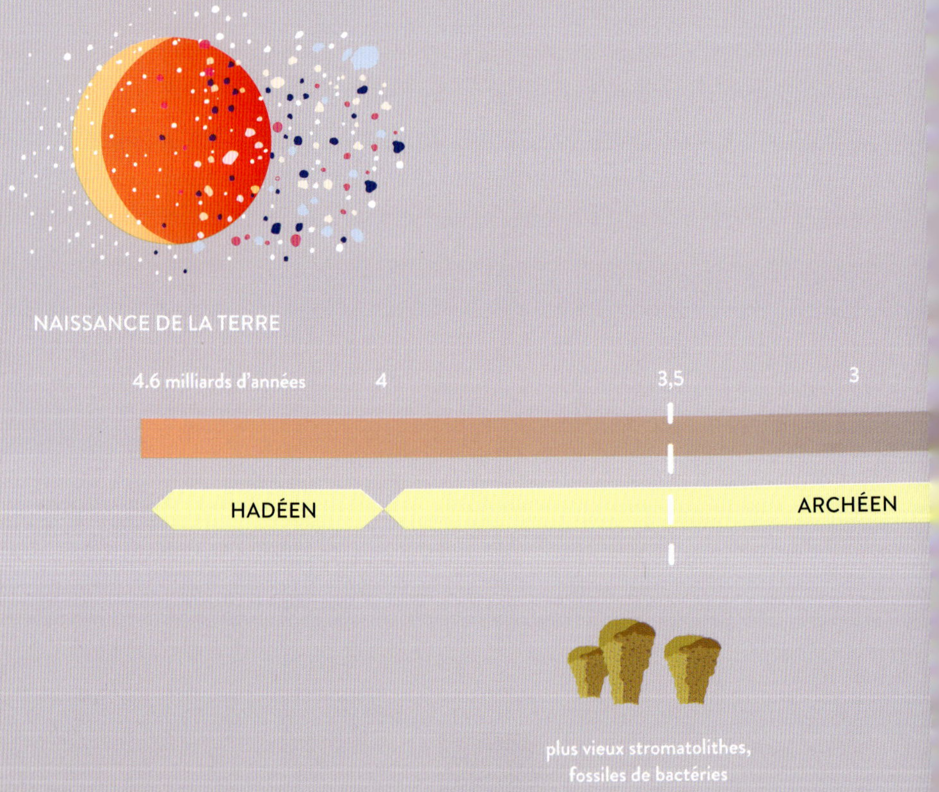

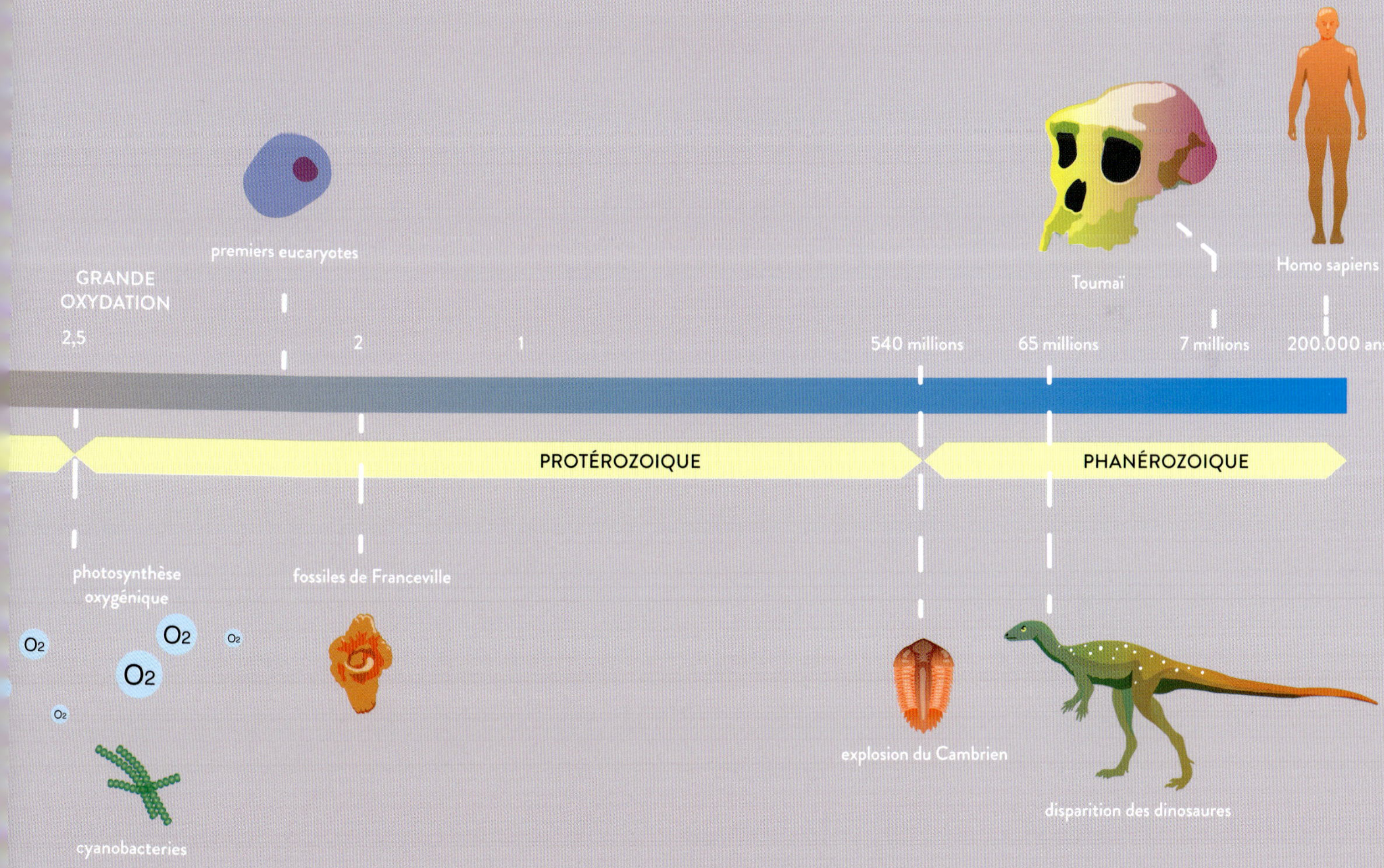
premiers eucaryotes
GRANDE OXYDATION
2,5
2
1
540 millions
65 millions
7 millions
200.000 ans
Toumaï
Homo sapiens
PROTÉROZOIQUE
PHANÉROZOIQUE
photosynthèse oxygénique
fossiles de Franceville
O2
O2
O2
O2
O2
cyanobacteries
explosion du Cambrien
disparition des dinosaures

Collection de fossiles

Fossil Trilobite
Proetus .Devonion
Oufaten Morocco
375,000,000 Years Old
SHARK TOOTH
70 million years old

On voit ici le fond du cratère Jezero photographié sur Mars par le rover Perseverance de la Nasa. Ce cratère de 35 km de diamètre était un lac il y a environ 3,6 milliards d'années, il était alimenté par une rivière et sa profondeur était de plusieurs dizaines de mètres.

03

LA VIE DANS LE SYSTÈME SOLAIRE

La Terre serait-elle la seule planète du système solaire sur laquelle la vie est apparue ? Les observations faites depuis la Terre avec des télescopes, puis avec des sondes interplanétaires envoyées ces dernières années, n'ont pas permis de répondre à cette question. Aucune des planètes en orbite autour du Soleil n'offre actuellement les conditions favorables à l'apparition de la vie telle qu'on la connaît sur Terre.

Mais cela n'a peut-être pas toujours été le cas. La vie a pu apparaître avant de disparaître, à la suite par exemple de bouleversements climatiques. L'exploration détaillée du système solaire permettra d'en savoir davantage à ce sujet.

L'ENFER DE MERCURE

C'est la planète la plus proche du Soleil. Elle fait à peine la taille de la Lune et, comme elle, elle est criblée de cratères. Il a fallu envoyer des sondes pour l'observer de près car, depuis la Terre, on ne voit aucun détail à sa surface, même avec les télescopes les plus puissants.

Sa proximité avec le Soleil entraîne des températures très élevées de la surface, avec un écart important entre le côté jour, où la température peut monter jusqu'à 350 °C, et le côté nuit, où elle peut chuter à - 160 °C du fait de l'absence d'atmosphère. En effet, une atmosphère joue un rôle régulateur en stockant une partie de la chaleur emmagasinée le jour par la planète, empêchant ainsi, la nuit venue, que celle-ci ne soit entièrement rayonnée vers le ciel et perdue par la planète. C'est un peu comme une couverture qui nous permet de conserver une bonne partie de notre chaleur lorsque nous sommes dans un lit.

Compte tenu des conditions extrêmes qui y règnent depuis sa formation, il est difficile d'imaginer que la vie ait pu un jour apparaître à la surface de Mercure.

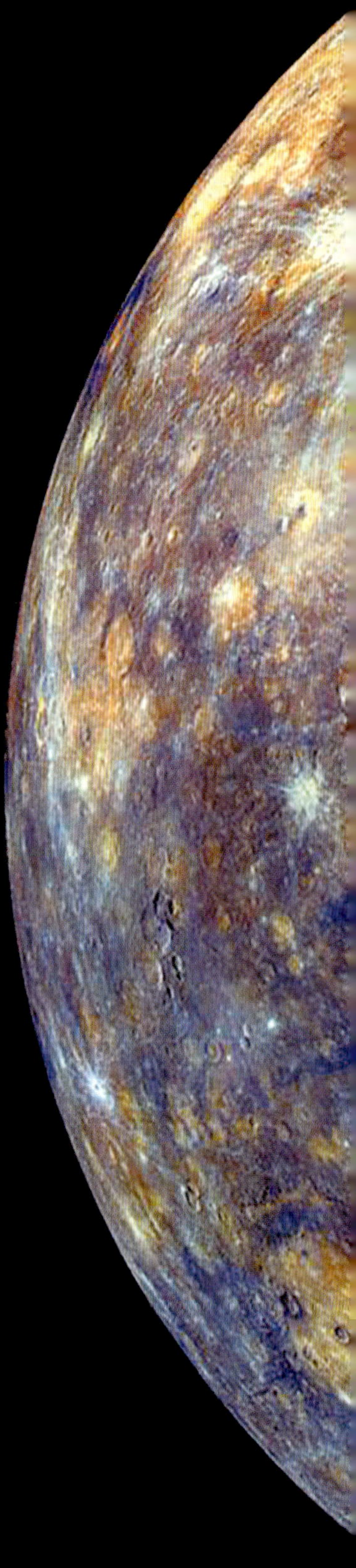

La planète Mercure photographiée par la sonde Messenger de la Nasa

N.B. Les couleurs sont artificielles et montrent les différences minéralogiques de la surface.

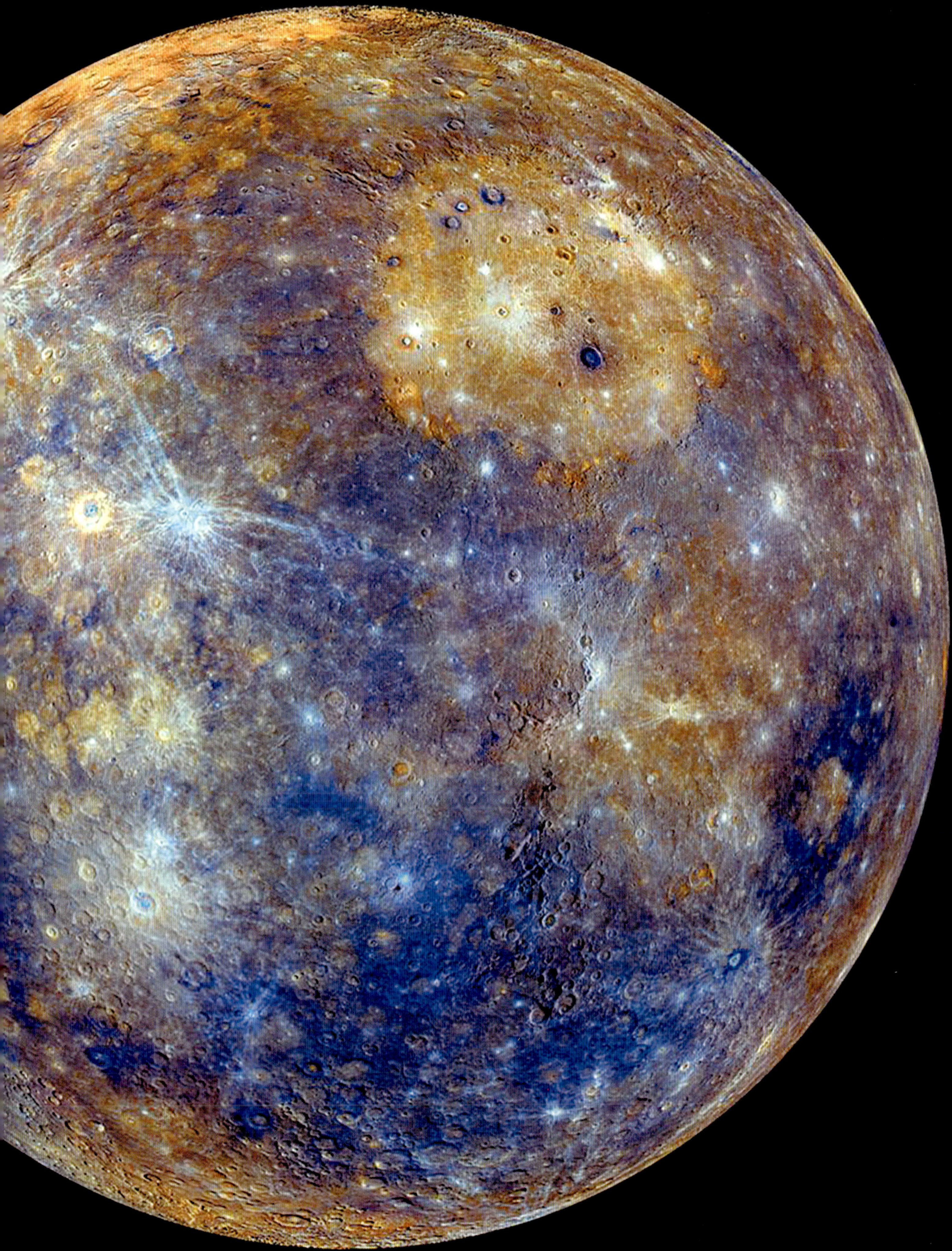

LES NUAGES D'ACIDE SULFURIQUE DE VÉNUS

Vénus est la deuxième planète à partir du Soleil. Son diamètre est très proche de celui de la Terre, mais son atmosphère est beaucoup plus épaisse, avec une pression au sol une centaine de fois plus forte que sur Terre. Cette atmosphère est essentiellement composée de gaz carbonique (à 96,5 %) et d'un peu de diazote (3,5 %). La température au sol est voisine de 450 °C, en raison de l'effet de serre dû au gaz carbonique et de sa relative proximité du Soleil. Ajoutez à cela des nuages contenant, notamment, des gouttelettes d'acide sulfurique et formant un épais manteau qui masque en permanence le sol de la planète, et vous verrez que Vénus n'a rien du monde idyllique que son nom pourrait laisser supposer.

Les sondes soviétiques Vénéra qui se sont posées à sa surface entre 1970 et 1981 n'ont pas survécu plus de 2 heures à cet enfer, mais ce laps de temps a suffi pour montrer des rochers relativement plats, dont l'analyse a révélé qu'ils étaient proches de nos basaltes. Son relief a pu être étudié de manière détaillée par sondage radar au travers des nuages.

Grossièrement tout d'abord depuis la Terre, avec le grand radiotélescope d'Arecibo, puis en détail en 1991, grâce à la sonde américaine Magellan mise en orbite autour de Vénus et équipée d'un radar de grande précision, on a pu ainsi reconstituer en 3D la surface volcanique de Vénus. Cela a permis de comptabiliser un millier d'édifices volcaniques, dont près de 200 volcans d'une centaine de kilomètres de diamètre. Le plus haut d'entre eux, le mont Maat, culmine à 8 km au-dessus des plaines environnantes. Vénus est la planète du système solaire qui compte le plus de volcans. Les observations en infrarouge de la sonde européenne Vénus Express, en 2008, ont montré qu'une activité volcanique est toujours présente sur cette planète.

Tout comme sur la Terre, le volcanisme vénusien a certainement produit de l'eau sous forme de vapeur, en plus du gaz carbonique. Pourtant, les sondes Vénéra ont montré que la quantité d'eau sur Vénus est faible, contrairement à ce que l'on s'attendait. On pense que la forte chaleur qui règne depuis longtemps à la surface de Vénus a amené la vapeur d'eau à s'élever vers les hautes couches de l'atmosphère. Là, cette vapeur d'eau a été dissociée par le rayonnement ultraviolet solaire en oxygène et hydrogène. L'hydrogène, très léger, s'est ensuite échappé dans l'espace d'autant plus facilement que Vénus, contrairement à la Terre, n'a pas de champ magnétique qui la protège du vent solaire. La quantité d'eau restante est aujourd'hui infiniment faible. On estime que, si l'on condensait sous forme liquide toute la vapeur d'eau présente dans l'atmosphère de Vénus, elle formerait à la surface de la planète une pellicule d'eau d'une vingtaine de centimètres à peine.

L'absence d'eau liquide et la température élevée rendent peu probable l'existence de vie sur Vénus, même si certains envisagent la possibilité d'existence de micro-organismes extrêmophiles dans les couches supérieures acides à basse température de l'atmosphère.

Cette image en 3D du mont Maat, le plus haut volcan de Vénus, a été reconstituée à partir des sondages radar effectués par la sonde Magellan de la Nasa dans les années 1990.

Vénus photographiée par Mariner 10

Des nuages de gouttelettes d'acide sulfurique, situés à une cinquantaine de kilomètres d'altitude, recouvrent en permanence la planète.

MARS ET LES MARTIENS

Dans l'ordre en partant du Soleil, Mars est la quatrième et dernière planète tellurique, c'est-à-dire de la famille de la Terre. Ces planètes ont toutes un corps solide entouré d'une atmosphère plus ou moins épaisse, à l'exception de Mercure, qui a perdu son atmosphère en raison de sa trop grande proximité du Soleil.

Mars est certainement la plus intéressante des quatre, après la Terre, car on y trouve de l'eau en quantité et sous différentes formes. Aujourd'hui essentiellement présente sous forme solide, dans les calottes glaciaires et le sous-sol, ou sous forme gazeuse, dans la vapeur d'eau atmosphérique, cette eau a pu par le passé exister sous forme liquide, comme l'ont montré les sondes spatiales qui se sont posées à sa surface au cours des dernières décennies.

De plus, Mars a, comme Vénus et comme la Terre à ses débuts, une atmosphère principalement composée de gaz carbonique, bien que sa pression atmosphérique soit beaucoup plus faible (moins d'un centième de la pression atmosphérique terrestre). La plus petite taille de Mars, dont le diamètre est de la moitié du diamètre terrestre, et l'absence de champ magnétique protecteur expliquent sans doute la perte d'atmosphère de cette planète au cours du temps. La faible pression au sol empêche aujourd'hui l'eau d'exister sous forme liquide à la surface de Mars, même aux endroits où la température dépasse 0 °C. Les lois de la physique nous enseignent en effet que l'eau passe alors directement de l'état solide à l'état gazeux en se réchauffant : c'est le phénomène de sublimation.

D'OÙ VIENT LE MYTHE DES MARTIENS ?

À la fin du XIXe siècle, les astronomes observant Mars avec de grandes lunettes ont cru apercevoir des canaux à sa surface. Dès que l'idée a été lancée, beaucoup se sont mis à voir à la surface de Mars un entrelacs de canaux particulièrement dense et compliqué. Il était d'autant plus tentant d'y voir des ouvrages artificiels que l'on a découvert, en 1877, les deux petits satellites Phobos et Deimos. Ils tournent autour de Mars suivant des orbites basses et ont été pris pour des satellites artificiels lancés par les habitants de cette planète.

Si l'on ajoute à cela que les taches du sol de Mars se modifient, en couleur et en étendue, au gré des saisons comme s'il y avait de la végétation en évolution régulière, on comprend que l'existence de la vie sur Mars ne faisait alors plus de doute. L'observation de calottes glaciaires aux pôles de la planète, dont la superficie évolue en fonction des saisons, ajoutait à la crédibilité du système de canaux pouvant servir à irriguer cette planète, dont la couleur dominante orangée évoque le sable du désert. D'où l'idée des fameux Martiens, qui a rencontré un réel succès... jusqu'à l'arrivée sur le sol de Mars des sondes spatiales.

Ces dernières ont bien montré des failles à la surface de Mars, mais rien qui ressemble au réseau de canaux que certains observateurs abusés par leur imagination avaient cru voir en collant l'œil à l'oculaire de leur lunette. Il y a bien le fossé d'effondrement baptisé Valles

Marineris, qui fait 4 000 km de long, 200 km de large et 11 km de profondeur, dans lequel on pourrait loger plusieurs fois le Grand Canyon des États-Unis, mais son origine semble liée à la formation des grands volcans de Mars. Leur soulèvement aurait provoqué cette gigantesque fracture à la surface de la planète en faisant craquer la croûte martienne.

Quant aux satellites Phobos et Deimos, les sondes les ont photographiés de près, montrant qu'il s'agit de petits astéroïdes irréguliers, dont la taille est de l'ordre de la vingtaine de kilomètres dans la plus grande dimension. Ils ont vraisemblablement été capturés par Mars, ce qui explique leurs orbites qui avaient intrigué les premiers observateurs.

Enfin, les changements de couleur sur Mars sont maintenant bien compris : ils sont dus aux tempêtes de sable saisonnières. Elles peuvent prendre des proportions gigantesques et durer plusieurs semaines. Des zones entières de Mars se trouvent alors recouvertes de sable pendant que d'autres sont au contraire dénudées, ce qui explique les changements de coloration du sol observés depuis la Terre.

La grande faille Valles Marineris
photographiée par la sonde européenne Mars Express

LES CALOTTES POLAIRES DE MARS

Tout comme la Terre, Mars présente aux deux pôles des calottes polaires. Cependant, la glace qui les constitue est surtout de la glace carbonique (du gaz carbonique sous forme solide), mais elle contient aussi de la glace d'eau, glace qui ne fond pratiquement jamais en raison des basses températures régnant à la surface de Mars. La température moyenne reste en effet toujours négative, variant de - 50 °C à l'équateur à - 130 °C aux pôles.

Cependant, l'atmosphère étant très ténue, l'amplitude des variations journalières est énorme. Elle peut dépasser la centaine de degrés à l'équateur. Ainsi, pendant l'été martien, la température dépasse 0 °C à midi, même si la moyenne journalière reste largement négative.

Les calottes de Mars évoluent au gré des saisons. La neige carbonique s'y condense ou se vaporise sans passer par l'état liquide (c'est le phénomène de sublimation évoqué plus haut). La transition se produit aux environs de - 90 °C, et c'est seulement l'été, dans la journée, que cette température est atteinte au pôle, amenant alors la calotte polaire à perdre une bonne partie de sa glace carbonique.

Calotte polaire nord de Mars photographiée par la sonde européenne Mars Express

L'EXPLORATION DE MARS PAR LES SONDES SPATIALES, LA QUÊTE DE L'EAU

Les sondes américaines Viking sont les premières qui se sont posées sur Mars, en 1976. Elles ont photographié et analysé le sol, procédé à différentes expériences destinées à mettre en évidence l'éventuelle présence de micro-organismes vivants. Les résultats ont été négatifs, même si une importante activité chimique s'est manifestée lors de certaines expériences.

En 1997, la sonde américaine Pathfinder s'est posée sur Mars. Elle transportait le petit engin mobile Sojourner, qui a parcouru une centaine de mètres, servant de test pour les missions suivantes Spirit et Opportunity. Ces deux derniers engins motorisés ont quant à eux parcouru des dizaines de kilomètres à la surface de Mars, de 2004 à 2011 pour Spirit, et de 2004 à 2018 pour Opportunity.

Parmi les observations remarquables faites par Spirit, on peut citer la découverte de sable blanc. Il est composé à plus de 90 % de silice pure, semblable au quartz terrestre mais sous une forme amorphe (non cristalline). Selon les géologues, cette silice pourrait avoir été produite par l'interaction entre les matériaux du sol et des vapeurs volcaniques acides en présence d'eau.

Mais c'est Opportunity qui fait l'observation la plus intéressante, en trouvant sur le sol des milliers de petites billes de couleur gris argenté. Ce sont des billes d'un diamètre compris entre 1 et 5 mm, composées d'hématite, un oxyde de fer (Fe_2O_3) que l'on utilise notamment en bijouterie sous forme de perles. D'après les géologues, ces billes n'ont pu se former qu'en présence d'eau liquide. Opportunity a également trouvé en 2011 une veine de gypse ; Il s'agit de sulfate de calcium hydraté, preuve supplémentaire de la présence dans le passé d'eau liquide sur Mars.

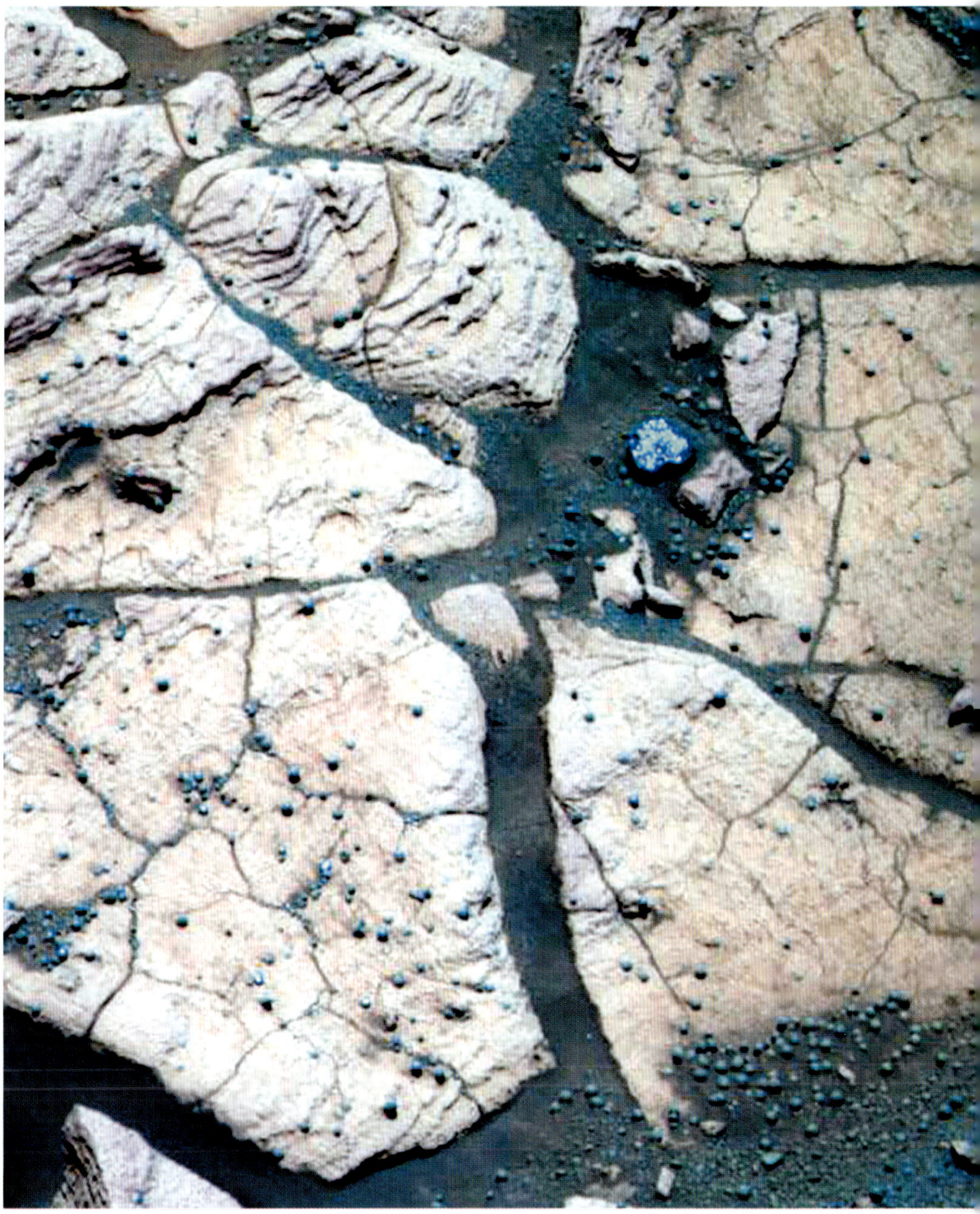

Billes d'hématite sur le sol de Mars photographiées par la sonde Opportunity

Veines de gypse sur Mars photographiées par le rover Curiosity

En 2008, la sonde américaine Phoenix s'est posée à haute latitude sur Mars. Elle n'avait pas de capacité de déplacement, mais elle a photographié des structures polygonales semblables à celles que produit le pergélisol (ou permafrost) sur Terre, ce sol qui ne dégèle quasiment jamais et que l'on rencontre dans les régions polaires comme le Groenland, l'Alaska ou la Sibérie. De plus, en creusant avec une petite pelle la surface du sol, cette sonde a montré la présence en quantité dans le sous-sol martien de glace d'eau, laquelle se sublime après avoir été exposée au soleil.

En 2012, le rover américain Curiosity s'est posé sur Mars dans une dépression qui a pu dans le passé être remplie d'eau, au pied du mont Sharp. Il a parcouru des dizaines de kilomètres, photographié des galets dans ce qui semble être un ancien lit de rivière et découvert des veines de gypse très semblables à celles que l'on connaît sur Terre. Enfin, il a observé des roches stratifiées et confirmé qu'il y a bien eu un lac dans le passé, au pied du mont Sharp.

En 2018, la sonde européenne Mars Express, placée en orbite autour de Mars, a fait des observations en imagerie radar suggérant la présence d'un lac d'eau salée liquide dans le sous-sol de Mars, à environ 1,5 km de profondeur, près de la calotte polaire Sud. L'eau a pu rester liquide malgré la température de - 75 °C, grâce à une très forte concentration en sel. Une telle saumure est peu propice à la vie, mais on sait que, sur Terre, des bactéries parviennent à survivre dans des conditions aussi extrêmes. Toutefois, compte tenu de sa localisation, ce lac restera longtemps inexploré.

Enfin, depuis 2021, la sonde américaine Perseverance se déplace à la surface de Mars. Elle collecte en divers endroits des échantillons de roche, en vue d'une mission future (Mars Sample Return) qui viendra récupérer ces échantillons pour les ramener sur Terre. On pourra alors les analyser de manière beaucoup plus fine, dans l'espoir notamment de trouver des traces fossilisées d'une vie passée sur Mars.

MARS PROPICE À LA VIE DANS LE PASSÉ

Il n'y a pas sur la planète Mars de tectonique des plaques, et l'érosion y est moins forte que sur Terre. Cela permet de retrouver aujourd'hui à sa surface des traces d'un lointain passé.

Ainsi le rover Curiosity de la Nasa a découvert, en 2021, des dépôts de sels formant un motif hexagonal dans des couches sédimentaires datées de 3,8 à 3,6 milliards d'années avant notre ère. Ces dépôts de sel ressemblent en tous points aux hexagones observés dans des bassins terrestres à l'assèchement saisonnier. On a ainsi le témoignage de l'existence d'un climat cyclique sur Mars, avec alternance de saisons sèches et humides de manière régulière et sur une longue durée.

Or, de nombreux travaux de recherche considèrent justement que de tels cycles de sécheresse-humidité font partie des hypothèses les plus sérieuses quant aux conditions ayant favorisé l'apparition de la vie sur Terre.

Des expériences en laboratoire montrent qu'un tel environnement permet aux molécules d'interagir à différentes concentrations et de manière répétée, offrant ainsi les conditions idéales pour former des composés complexes précurseurs du vivant.

En outre, les conditions qui régnaient alors sur Mars étaient très semblables à celles que la Terre a connues lorsque la vie y est apparue. C'est la quasi-absence d'érosion à la surface de Mars qui permet d'y observer aujourd'hui des structures formées il y a près de 4 milliards d'années.

En revanche, sans atmosphère suffisamment dense pour la protéger, Mars est directement soumise au rayonnement ultraviolet du Soleil qui détruit les molécules organiques exposées au cours du temps. C'est donc dans le sous-sol martien, légèrement sous la surface, qu'il faudra prélever les échantillons les plus prometteurs à la recherche d'éventuelles biosignatures.

Structures hexagonales photographiées sur le sol martien par le rover Curiosity

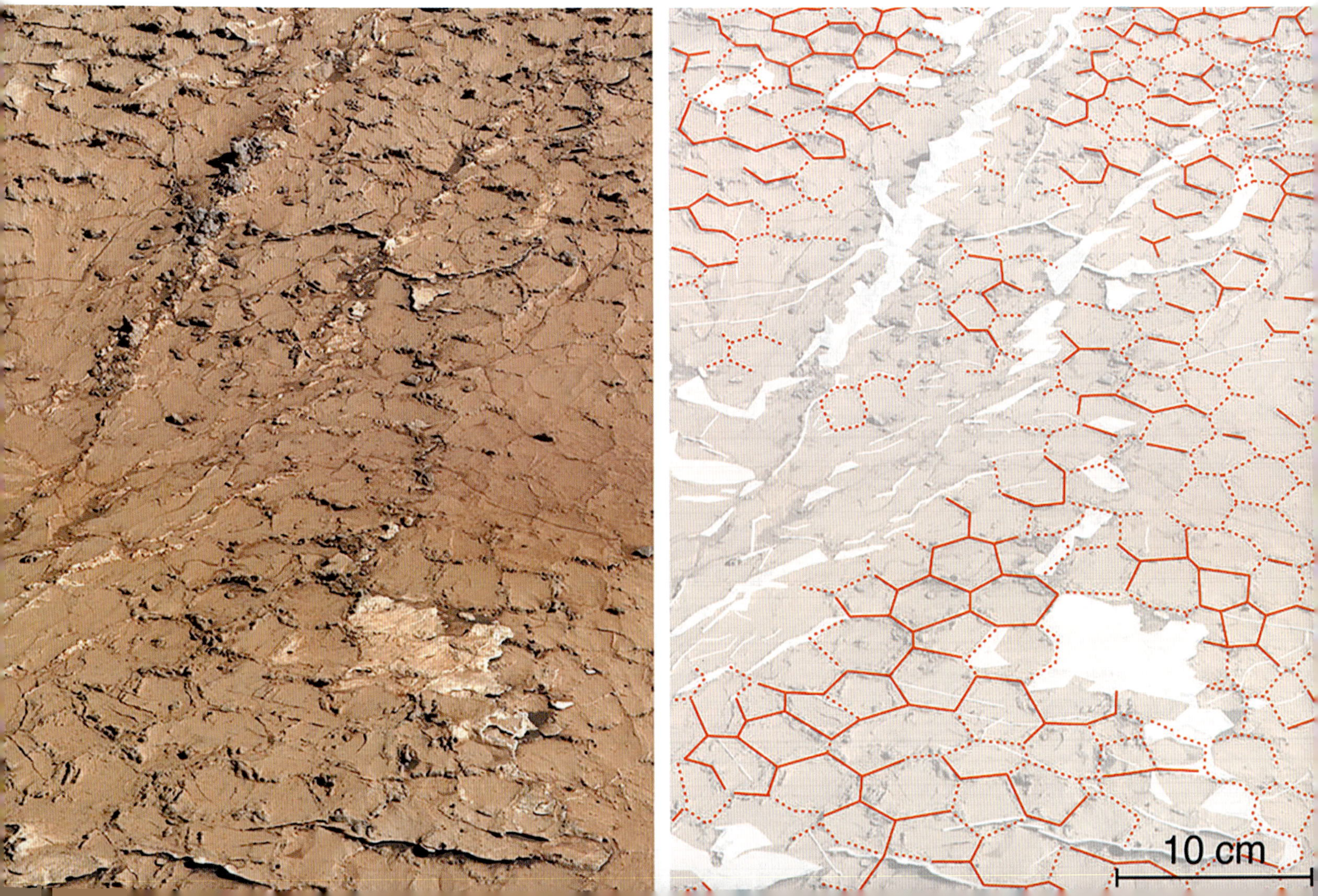

JUPITER ET LES SATELLITES GALILÉENS

Au-delà de Mars se trouvent les planètes géantes du système solaire : Jupiter, Saturne, Uranus et Neptune, souvent qualifiées de planètes gazeuses, car ce sont de grosses boules de gaz.

Jupiter est la plus grosse, présentant 300 fois la masse de la Terre, ce qui correspond à un millième de la masse du Soleil. Elle est dotée d'une épaisse couche d'atmosphère, principalement composée d'hydrogène et d'hélium. On y trouve successivement des nuages composés de cristaux d'ammoniac (NH_3) et d'hydrogénosulfure d'ammonium, puis, plus bas, des nuages composés de cristaux de glace et de gouttelettes d'eau qui flottent au-dessus d'un océan de dihydrogène liquide. Enfin, profondément enfoui sous cet océan, se trouve le corps solide de la planète. Son cœur est constitué d'hydrogène sous une forme très comprimée, qui lui confère les propriétés d'un métal.

Tout comme sur les autres planètes géantes, il n'y a pas de surface solide en dessous de l'atmosphère de Jupiter. Il n'y a pas non plus de frontière marquée entre son état gazeux et l'état liquide de l'océan qui se trouve plus bas.

Jupiter se trouve cinq fois plus loin du Soleil que la Terre et reçoit de ce fait 25 fois moins de lumière, ce qui explique son atmosphère beaucoup plus froide – autour de - 120 °C en moyenne. Elle est de plus agitée par des vents violents, proches de 400 km/h dans la zone équatoriale. Ces vents sont dus à la rotation rapide de la planète sur elle-même : celle-ci fait en effet un tour en moins de 10 heures.

Si l'on a du mal à imaginer que la vie ait pu apparaître dans un monde aussi hostile, les satellites de Jupiter offrent en revanche des perspectives plus intéressantes à cet égard, notamment les quatre satellites galiléens, ainsi nommés car Galilée les a découverts en 1610 avec sa lunette astronomique. Depuis, les observations avec des instruments plus puissants et des sondes spatiales ont permis de découvrir un grand nombre de satellites : on en connaît 95 à ce jour, dont la plupart sont de petits corps irréguliers de type astéroïde. Les quatre satellites galiléens – Io, Europe, Ganymède et Callisto – sont en revanche d'assez grande taille, puisque leur diamètre est voisin de celui de la Lune.

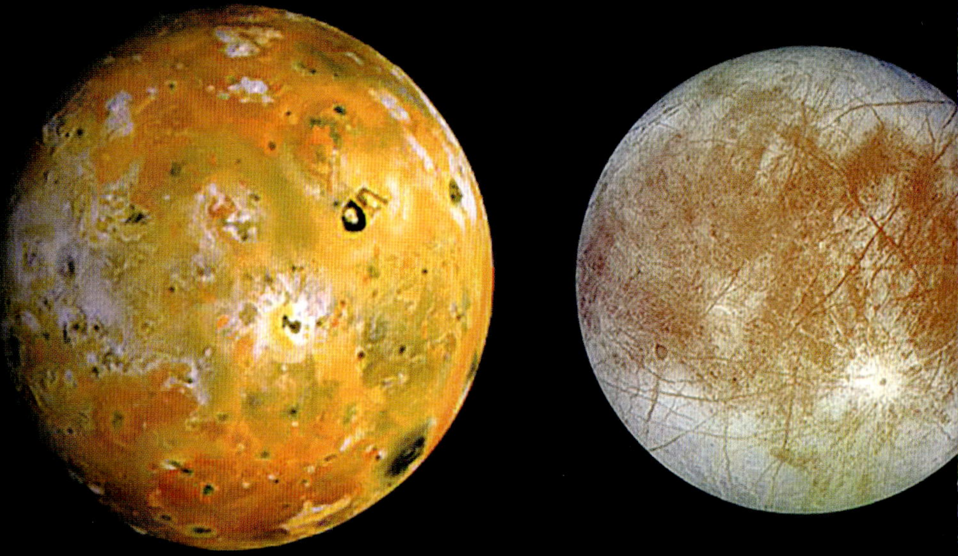

Les satellites galiléens de Jupiter photographiés par la sonde Galileo de la Nasa : Io, Europe, Ganymède et Callisto

LE VOLCANISME D'IO

Io est très proche de Jupiter. Il est de ce fait soumis à des forces de marées qui provoquent à sa surface une activité volcanique intense, orchestrée par plus de 400 volcans actifs répertoriés à ce jour. Les sondes spatiales ont photographié des éruptions volcaniques produisant des panaches de gaz qui s'élèvent jusqu'à 500 km d'altitude, principalement composés de soufre et de dioxyde de soufre (SO_2). Le sol de ce satellite a de ce fait une couleur dominante jaune orangée, présentant des plaques blanches, jaunes et noires dont la coloration est due aux composées du soufre, corps jaune vif à l'état pur.

DE L'EAU LIQUIDE SOUS LA GLACE D'EUROPE, GANYMÈDE ET CALLISTO

Les trois autres satellites galiléens sont plus éloignés de Jupiter et ne ressentent pas autant les forces de marée. Ce sont des sortes de gigantesques boules de billard glacées. Leur température de surface avoisine les - 150 °C. Leur sol est couvert de failles et de cratères blanchâtres, dont la couleur est due à la glace vive mise à nu par les collisions avec des petits corps célestes comme des astéroïdes.

Les mesures de champ magnétique et certains détails de surface observés par les sondes spatiales ont permis de déduire que ces trois satellites ont tous un océan liquide composé d'eau salée qui serait enfoui sous la croûte glacée de leur surface. On a même observé dans la haute atmosphère d'Europe des panaches de vapeur d'eau, qui pourraient provenir de l'eau échappée de poches situées en profondeur, à une température proche du point de fusion, qui viendrait jaillir à la surface du satellite. Ces poches seraient réchauffées par la radioactivité naturelle du noyau, ainsi que sous l'action des forces des marées dues à Jupiter.

Pour désigner un tel phénomène, on emploie le terme de geyser ou encore de cryovolcanisme, en référence au froid des matériaux éjectés. On estime que le volume total de l'océan d'Europe serait supérieur à celui de l'ensemble des océans terrestres. Mais l'épaisseur de la croûte de glace superficielle est estimée entre 10 et 30 km selon les modèles. L'exploration d'un tel océan n'est pas prête de se faire.

Ganymède a un diamètre supérieur à celui de la planète Mercure, mais sa masse est moitié moindre, car il est beaucoup moins dense. La couche d'eau salée liquide se trouverait environ 150 km sous la croûte glacée superficielle, beaucoup plus profondément que sur Europe, ce qui pourrait expliquer pourquoi on n'a jusque-là détecté aucune manifestation en surface de cet océan interne.

Enfin, Callisto a la taille de Mercure, mais un tiers de sa masse seulement. Sa structure interne serait comparable à celle de Ganymède, avec un océan d'eau salée qui pourrait être enfoui encore plus profondément que sur Ganymède.

Vue d'artiste d'un jet de vapeur d'eau s'échappant du sol glacé d'Europe

L'ANTARCTIQUE

L'océan sous-glaciaire des satellites galiléens fait penser au lac Vostok, découvert en 1993 dans l'Antarctique, sous la station scientifique russe du même nom, grâce à des mesures d'altimétrie radar effectuées par satellite. La surface du lac a été atteinte par forage en 2012. Il se trouve enfoui à 4 km en dessous de la calotte glaciaire de l'Antarctique. Étendu sur environ 250 km de long et 50 km de large, c'est le plus grand lac sous la glace connu sur Terre.

Cette grande masse d'eau est isolée de l'atmosphère de notre planète depuis des millions d'années, avec des nutriments limités et une obscurité totale.

Est-elle stérile ou contient-elle des organismes vivants ? Pour répondre à cette question, des carottes de glace ont été prélevées à la frontière entre la surface du lac et le glacier qui le recouvre, avec des précautions infinies, dans le but de ne pas les contaminer. Ces carottes sont particulièrement intéressantes, car elles contiennent ce que l'on appelle la glace d'accrétion, formée par l'eau du lac qui a gelé à sa surface.

Des analyses génomiques très récentes de ces échantillons ont permis de détecter des ADN de plusieurs organismes extrêmophiles : des psychrophiles, c'est-à-dire des organismes qui sont bien adaptées aux températures glaciales, mais aussi des thermophiles, ces organismes adaptés au chaud que l'on retrouve au niveau des dorsales océaniques.

Ces résultats, *a priori* étonnants, correspondent pourtant à ce que l'on pouvait attendre compte tenu de la géologie du lac, au fond duquel se trouvent des failles et effectivement des sources hydrothermales. Il s'y serait donc développé un écosystème complexe, indépendant de la surface et de la lumière. Ces découvertes nous apportent des informations essentielles sur les conditions extrêmes dans lesquelles la vie peut prospérer, non seulement sur Terre, mais potentiellement aussi sur d'autres mondes glacés. Car si, de la même manière, Europe ou les autres satellites du système solaire recouverts de glace ont une activité hydrothermale sous-glaciaire, il est également possible qu'une vie microbienne s'y soit développée.

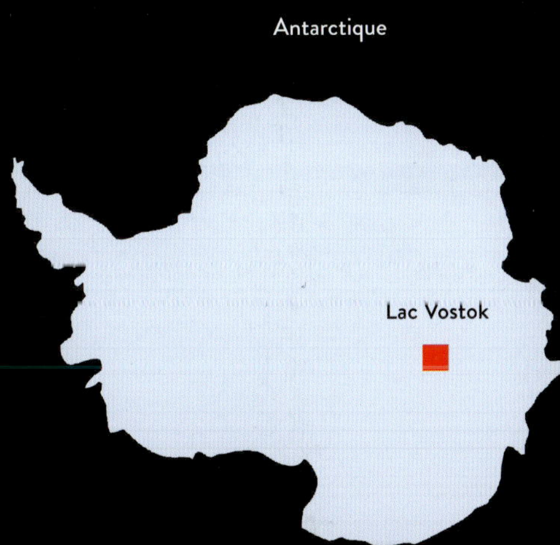

LES SATELLITES DE SATURNE

Tout comme Jupiter, la planète Saturne n'offre pas les conditions propices à la vie. En revanche, elle a elle aussi un grand nombre de satellites, dont deux sont particulièrement intéressants à cet égard : Titan et Encelade.

LES LACS DE MÉTHANE DE TITAN

Titan est le plus gros satellite de Saturne. Il est plus grand que Mercure et il est doté d'une atmosphère dont la pression est très proche de celle de la Terre. Il est le seul satellite du système solaire ayant une atmosphère. Celle-ci est majoritairement composée de diazote, tout comme celle de la Terre, mais la proportion est ici énorme (plus de 98 %), et le reste est essentiellement constitué de méthane (CH_4) et d'hydrocarbures.

La température au sol est de - 180 °C, de sorte que le méthane se trouve, à la surface, sous forme liquide. En 2005, la sonde européenne Huygens, larguée par la sonde américaine Cassini, s'est posée à la surface de Titan. Lors de sa descente dans l'atmosphère, elle a photographié un véritable réseau de rivières et de fleuves de méthane qui se jettent dans une mer de méthane.

Il existe sur Titan un cycle du méthane tout à fait comparable au cycle de l'eau que l'on connaît sur Terre. Le méthane s'évapore lorsque la température s'élève. Il se condense en altitude sous forme de gouttes qui redescendent en pluie pour alimenter des mers et des lacs. Restée en orbite, la sonde Cassini a pu cartographier ces mers et ces lacs par sondage radar et en imagerie infrarouge, à défaut de pouvoir les photographier directement en lumière visible du fait de l'opacité de l'atmosphère.

Des molécules organiques simples ont été détectées dans l'atmosphère de Titan. Des équipes de chercheurs essaient, par des expériences en laboratoire ou par des modélisations, de reconstituer les réactions chimiques susceptibles de se produire sur Titan, afin de voir si des molécules prébiotiques pourraient être obtenues. Il est probable toutefois que les conditions glaciales de la surface de Titan et la chimie qui y règnent soient peu compatibles avec une chimie prébiotique qui conduirait un jour à l'émergence d'une vie, aussi différente puisse-t-elle être de la vie qui s'est développée sur Terre. Pour le vérifier, la Nasa a prévu d'envoyer en 2027 une mission spatiale, Dragonfly, qui devrait arriver sur Titan en 2034. Elle aura pour objectif de chercher des marqueurs chimiques susceptibles d'indiquer la présence de vie, ou tout au moins une potentielle chimie prébiotique.

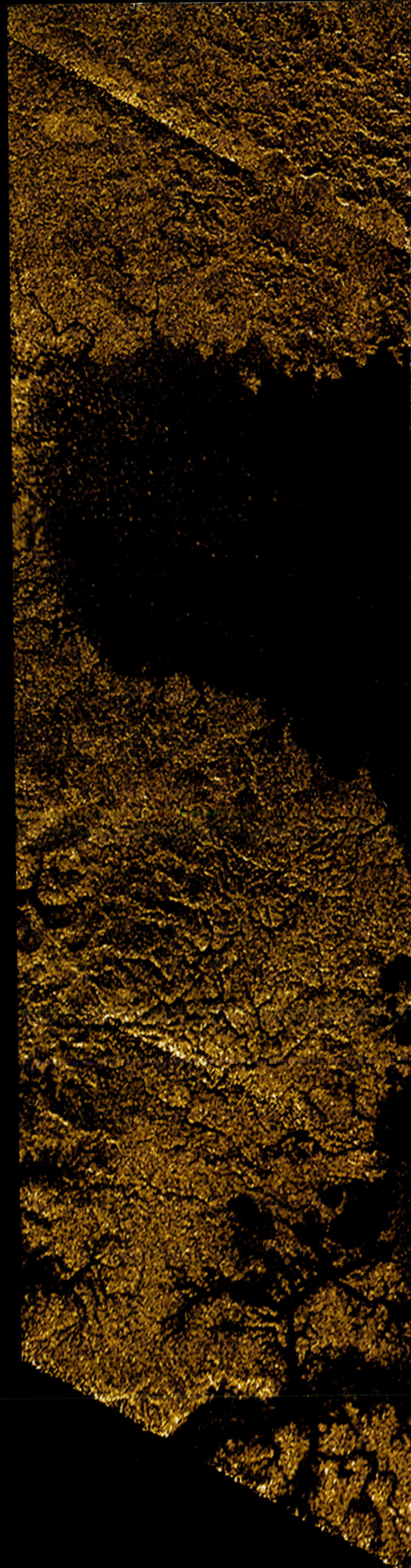

Ligeria Mare, mer de méthane sur Titan

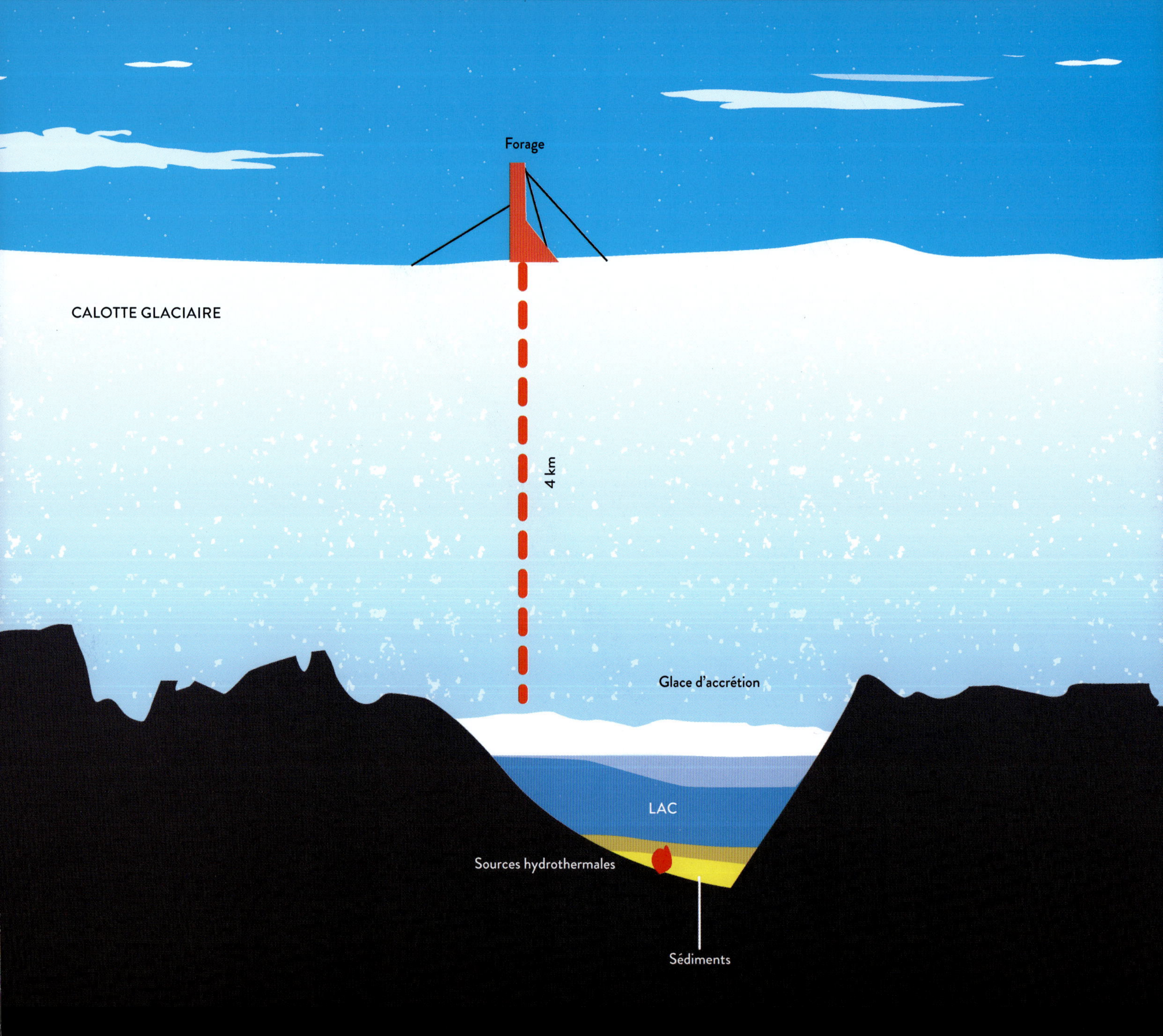
Forage
CALOTTE GLACIAIRE
4 km
Glace d'accrétion
LAC
Sources hydrothermales
Sédiments

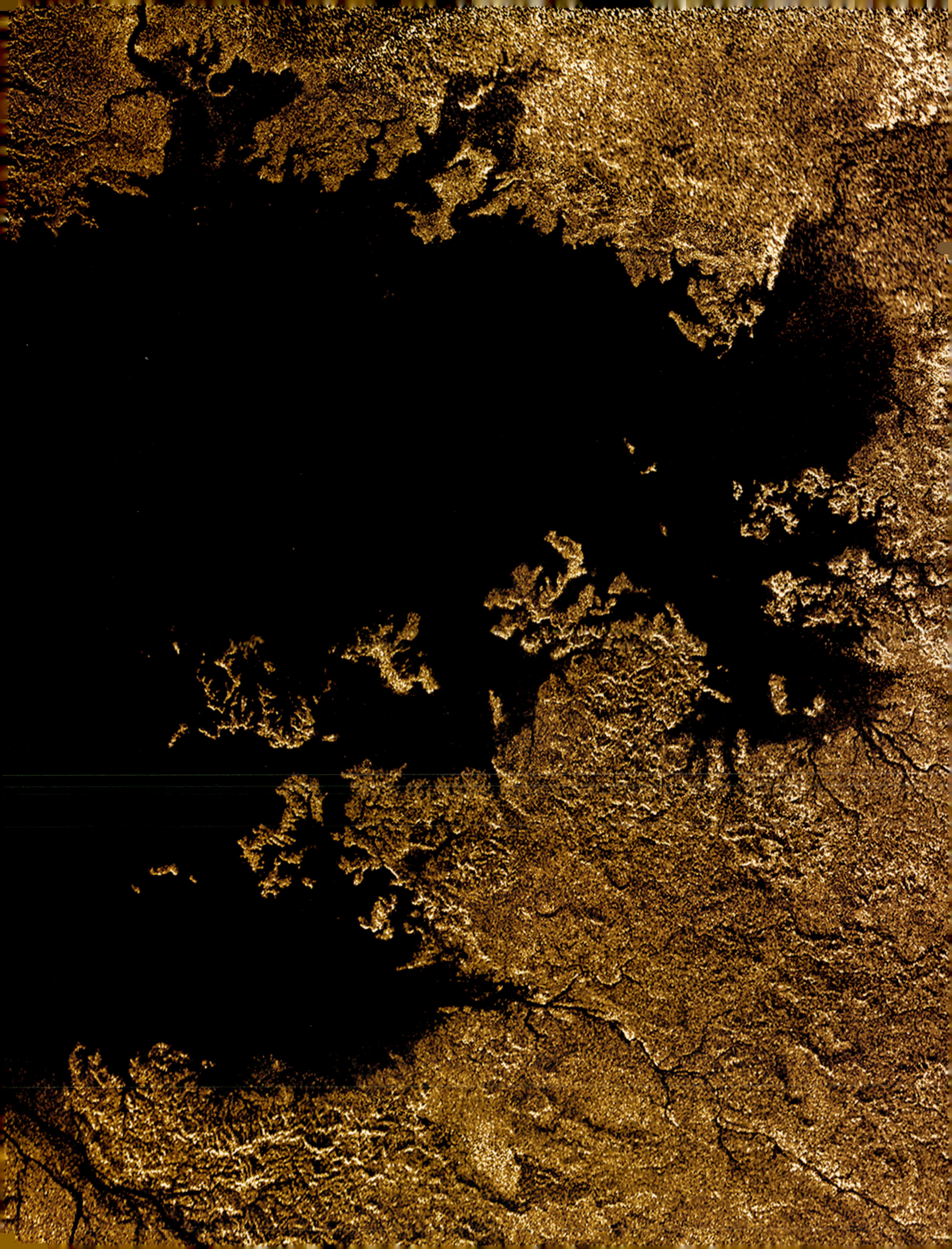

détectées dans le lac sous-glaciaire Vostok en Antarctique, on ne peut exclure qu'une vie soit apparue au niveau des sources d'eau chaude d'Encelade et qu'elle se soit développée loin de la surface, sans lumière.

Dans ce cas, une question se pose : quelle pourrait bien être la source de carbone que cette vie a utilisée pour se construire et se perpétuer ? La présence de méthane détecté par la sonde Cassini dans les geysers d'Encelade ouvre des perspectives qui demandent à être explorées dans les prochaines années.

Geysers sur Encelade photgraphiés
en contre-jour par la sonde Cassini

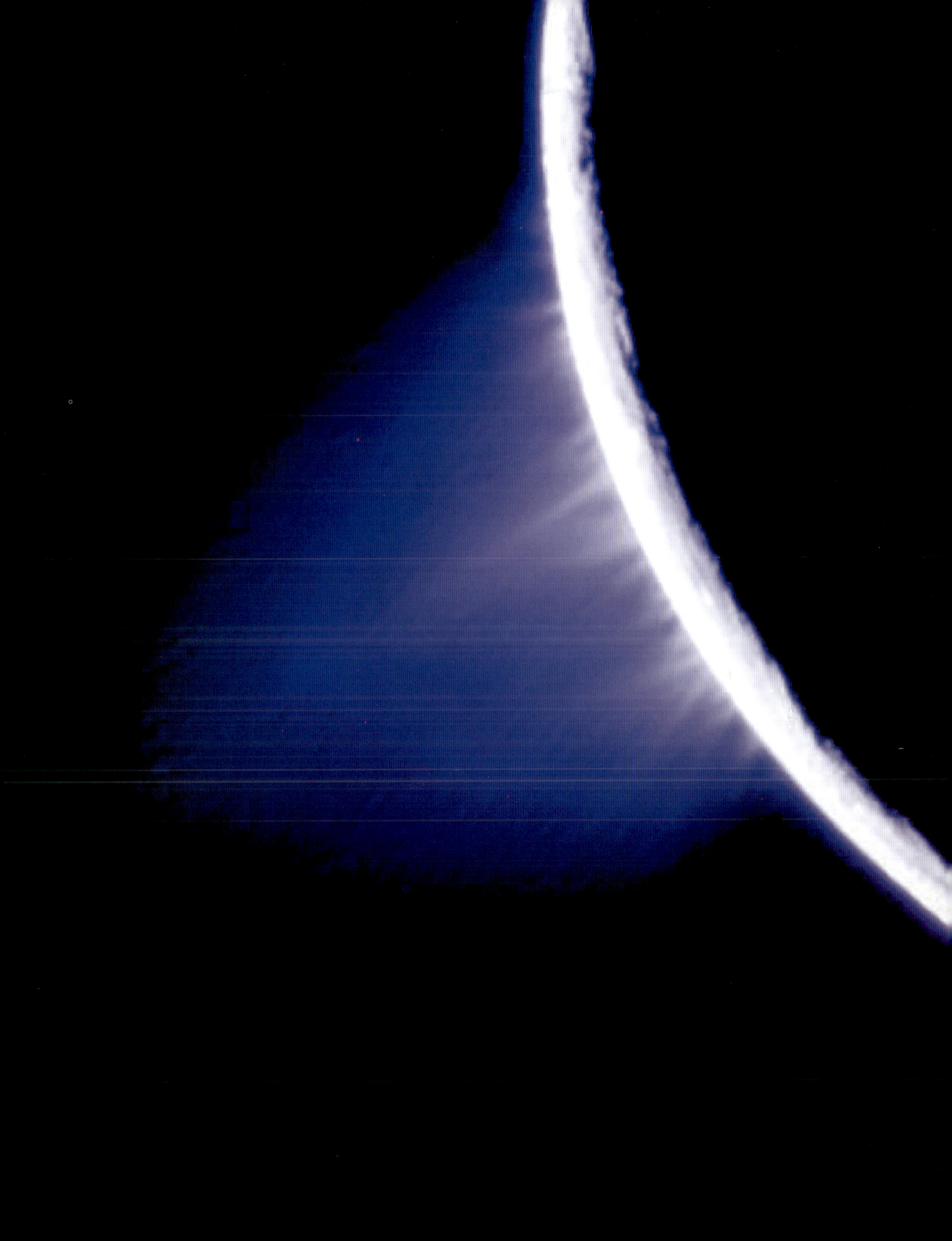

CRYO-VOLCANISME SUR TRITON

Les planètes Uranus et Neptune semblent encore moins propices au développement de la vie que Jupiter et Saturne, du fait de leur éloignement du Soleil. Toutes deux ont des satellites qui sont des mondes glacés, sur lesquels aucune activité n'est perceptible, à l'exception notable de Triton, le satellite principal de Neptune.

Ce gros satellite de 2 700 km de diamètre est presque aussi grand que la Lune. Son atmosphère est principalement constituée d'azote, mais la température au sol est si froide (- 240 °C) que l'azote s'y condense en plaques de glace. La surface de Triton est peu cratérisée, ce qui indique qu'elle est relativement jeune. De plus, certains détails suggèrent qu'elle se renouvelle régulièrement.

On pense aussi qu'il pourrait y avoir, sous la croûte glacée superficielle, un océan liquide. On observe d'ailleurs, à la surface de Triton, des éjections de matière qui rappellent les geysers d'Europe et Encelade, d'autant que l'on observe aussi de grandes failles ou sillons qui s'entrecroisent.

C'est près du pôle Sud de Triton que l'on voit le plus de matière qui a dû être éjectée du sous-sol. Des traces sombres orientées dans le même sens indiquent que cette matière est retombée sur le sol au gré des vents dominants. Il s'agit vraisemblablement de cryovolcanisme. L'azote congelé sous la surface se sublime au niveau de zones plus chaudes (il vaudrait mieux dire « les moins froides ») et sort sous pression, arrachant au passage des particules de poussière sombre qui sont projetées sur plusieurs kilomètres d'altitude avant d'être emportées par le vent. Ce processus s'illustre par les tâches noires allongées à la surface de Triton - tâches ou traces évoquées en légende de la photo.

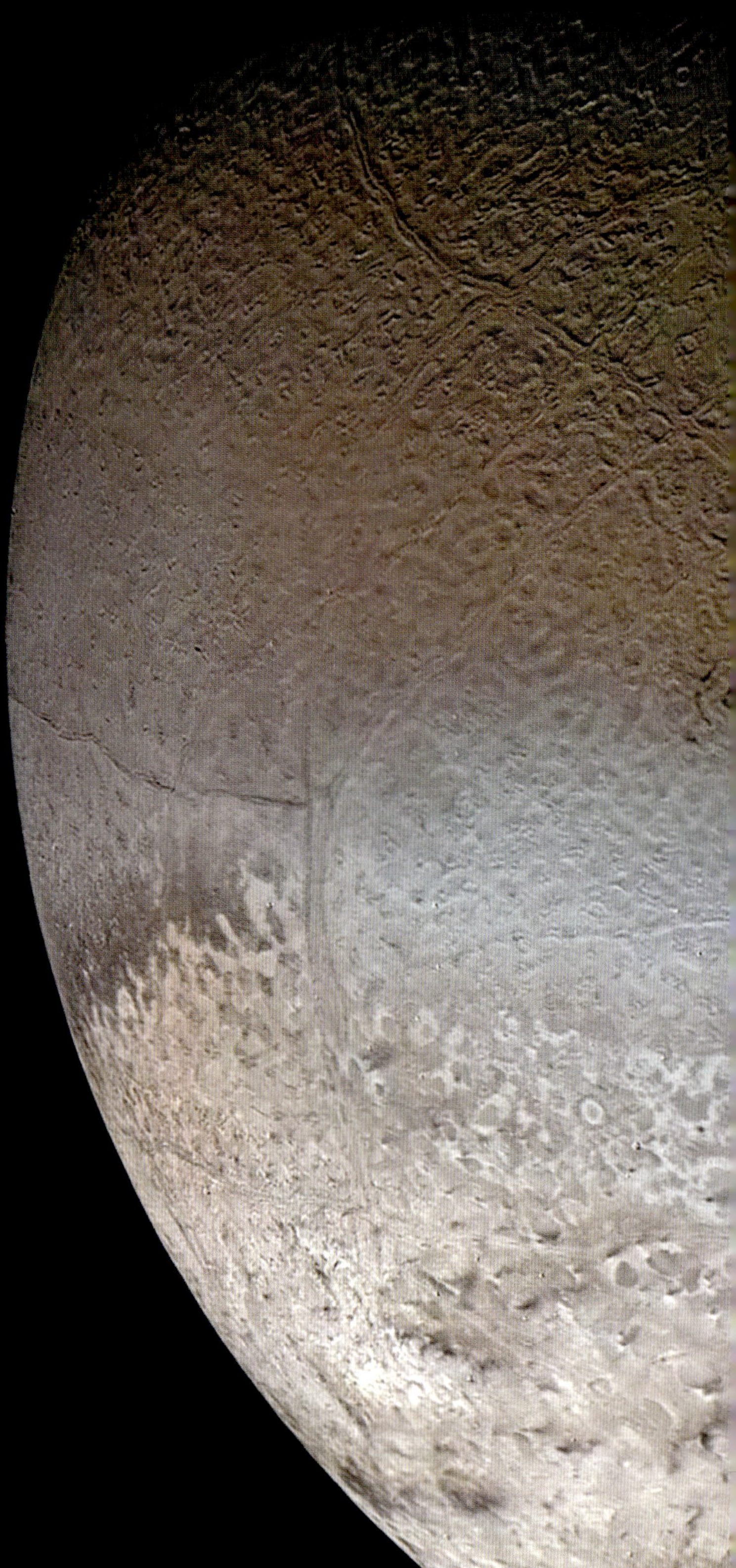

La sonde Voyager 2 a photographié, au pôle sud de Triton, des traces sombres de cryovolcanisme.

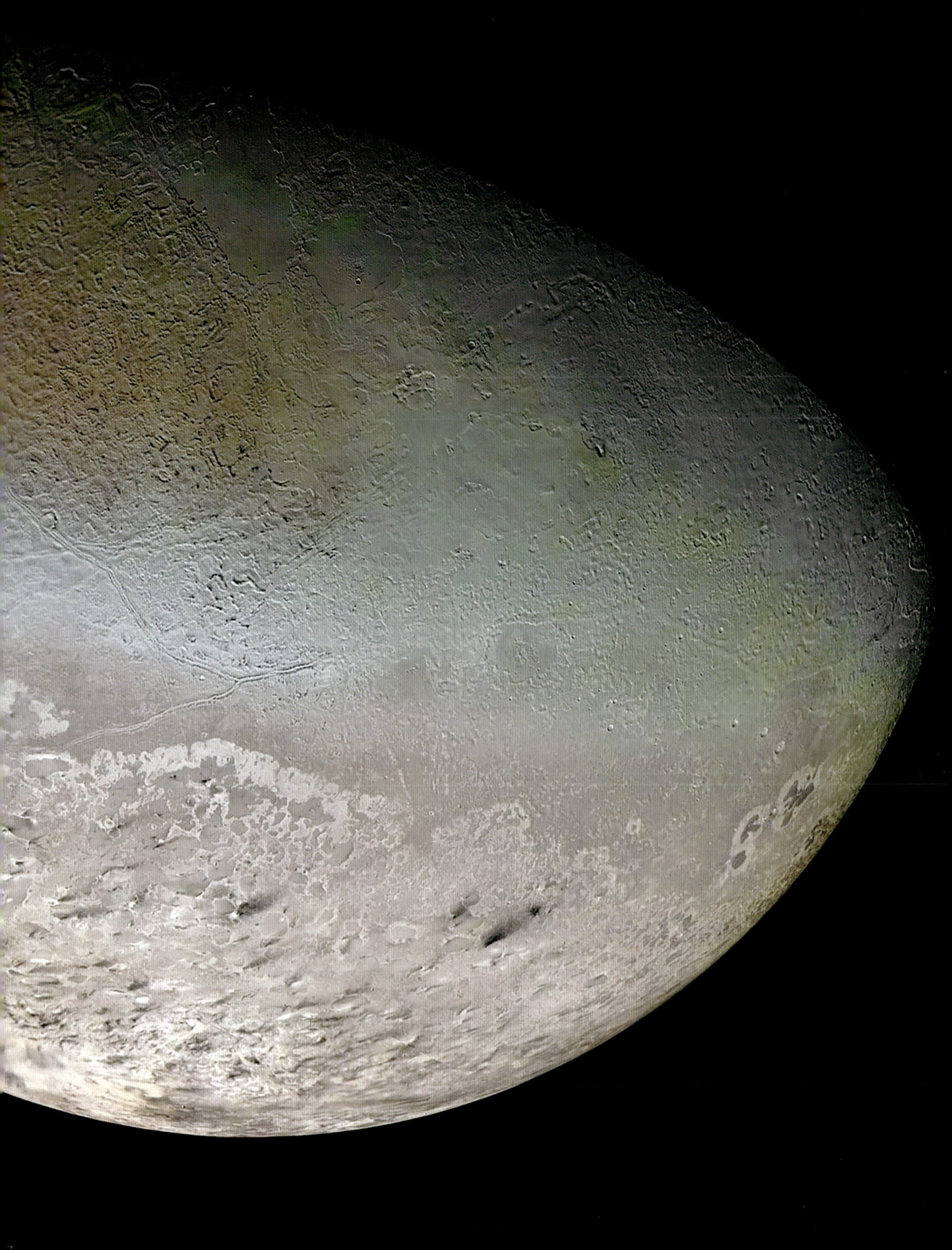

ASTÉROÏDES ET COMÈTES

En plus des planètes et de leurs satellites, il existe dans le système solaire une foule de petits corps que sont les astéroïdes et les comètes. Il est difficile d'imaginer que ces objets puissent abriter la vie telle qu'on la connaît sur Terre, mais ils sont intéressants de par leur composition et les molécules que l'on y trouve.

Les astéroïdes sont de petits corps rocheux irréguliers criblés de cratères. Ils sont répartis dans deux zones appelées ceintures. La principale est située entre Mars et Jupiter, la seconde au-delà de Neptune. Chacune contient des centaines de milliers d'objets. Certains font une centaine de kilomètres de diamètre. Si le plus gros, Cérès, est une planète naine de 950 km de diamètre, la plupart ne mesurent que quelques centaines de mètres, et il existe une grande quantité de simples rochers qui ne sont même pas répertoriés, car impossibles à détecter du fait de leur petite taille et de leur éloignement.

Les observations par les sondes spatiales ont montré que certains astéroïdes sont en fait des noyaux de comètes dont l'orbite s'est progressivement rapprochée du Soleil, leur faisant ainsi perdre, par chauffage, l'essentiel de leurs matériaux volatiles. De ce fait, la distinction entre astéroïde et comète est beaucoup moins claire qu'on ne l'a cru pendant longtemps.

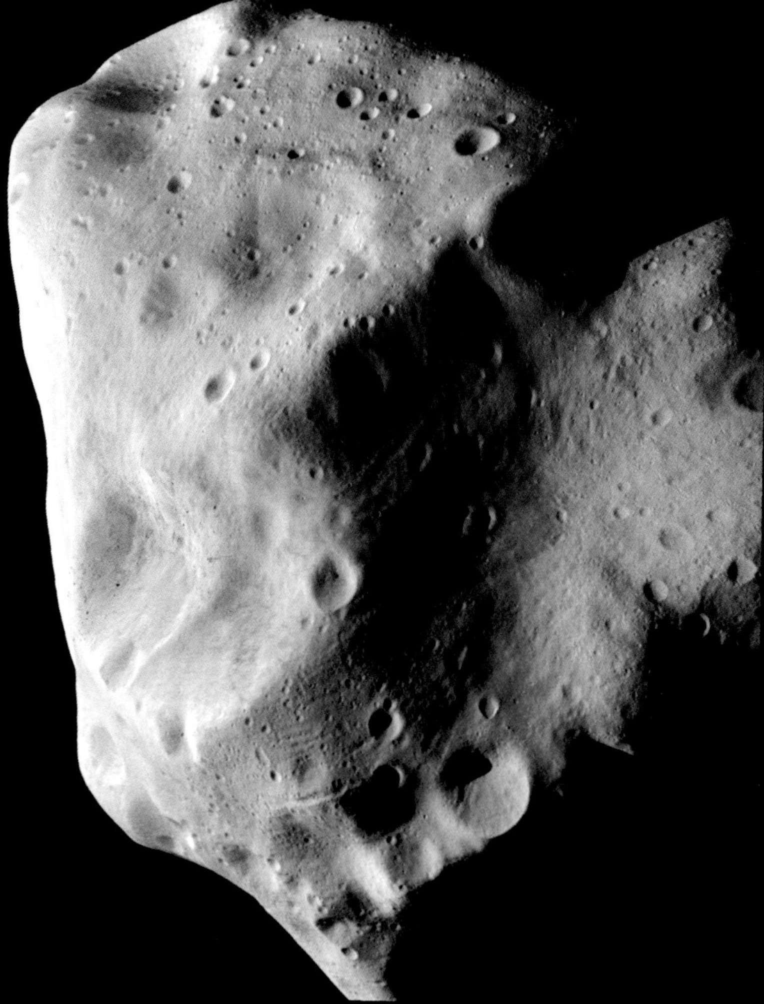

L'astéroïde Lutetia photographié par la sonde européenne Rosetta

Au-delà des planètes principales du système solaire et de la deuxième ceinture d'astéroïde se trouve un immense nuage de petits corps glacés : les comètes. Il a été baptisé « nuage d'Oort », du nom de l'astronome hollandais Jan Oort qui émit cette hypothèse en 1950. Ce nuage aurait une dimension maximale de l'ordre de l'année-lumière, mais la majorité des quelque 1 000 milliards de comètes qu'il contient se trouverait à une distance comprise entre un quart d'année-lumière et une demi-année-lumière du Soleil.

La plupart des comètes restent ainsi loin du Soleil. Ce sont des sortes de grosses boules de neige sale de quelques kilomètres de diamètre, entièrement gelées. Bien que nombreuses, elles sont pratiquement invisibles depuis la Terre en raison de leur petite taille, et parce que, éloignés du soleil, elles sont inactives. Ce n'est que lorsqu'elle vient à passer près du Soleil qu'une comète se met à fondre, développant alors une queue brillante caractéristique. Elle peut alors perdre jusqu'à plusieurs tonnes de glace par seconde (l'eau passant directement de l'état solide à l'état de vapeur par sublimation), et on peut l'observer plusieurs jours d'affilée dans le ciel.

Il se forme alors une queue brillante de gaz et de poussières qui peut s'étendre sur des centaines de milliers de kilomètres, surpassant parfois la distance de la Terre à la Lune. La queue a généralement deux composantes : une queue bleutée, qui correspond aux gaz échappés de la comète et rendus lumineux parce qu'ils sont électrisés par la lumière du Soleil (il s'agit principalement de monoxyde de carbone, CO), et une queue blanchâtre, qui correspond aux poussières éclairées par le Soleil. Ces poussières ont tendance à suivre l'orbite de la comète et forment une queue légèrement courbe. En revanche, la queue de gaz est bien droite et dirigée à l'opposé du Soleil, le gaz électrisé étant entraîné dans cette direction par les particules du vent solaire.

Comète Hale-Bopp

DE LA GLYCINE ET DU PHOSPHORE DANS UNE COMÈTE

Le nuage d'Oort serait un vestige de la formation du système solaire. D'où l'intérêt de pouvoir faire l'exploration détaillée d'un noyau de comète. C'est ce que fit la sonde européenne Rosetta, lancée par Ariane 5 début 2004 pour aller analyser *in situ* la comète Churyumov-Gerasimenko de novembre 2014 à septembre 2016.

La sonde a trouvé que la queue était majoritairement composée d'eau (H_2O) et de dioxyde de carbone (CO_2), mais aussi de monoxyde de carbone (CO), d'ammoniac (NH_3), de méthane (CH_4) et de méthanol (CH_3OH). Elle a aussi détecté du formaldéhyde (HCHO), du sulfure d'hydrogène (H_2S), du cyanure d'hydrogène (HCN), du dioxyde de soufre (SO_2) et du sulfure de carbone (CS_2).

Mais Rosetta a aussi détecté dans la queue de la comète de la glycine et du phosphore.

La détection de la glycine est particulièrement intéressante, car il s'agit d'un des 20 acides aminés qui sont les constituants des protéines de tous les êtres vivants sur Terre.

De la glycine a également été trouvée dans certaines météorites, ce qui conforte l'idée selon laquelle des acides aminés auraient pu être apportés dans l'atmosphère primitive de la Terre par des astéroïdes ou des comètes. Auquel cas la vie pourrait s'être développée sur Terre grâce à l'apport de molécules d'ori-

Éjections de gaz du noyau de la comète Churyumov-Gerasimenko photographiées par la sonde européenne Rosetta

DES ACIDES AMINÉS DANS LES MÉTÉORITES

Dans son mouvement orbital, la Terre rencontre régulièrement des poussières ou de petits cailloux, voire des blocs rocheux qui se promènent dans le système solaire. Lorsqu'un de ces cailloux pénètre dans l'atmosphère terrestre, il est généralement animé d'une très grande vitesse (de 50 000 km/h à 250 000 km/h). Dans les couches denses de l'atmosphère, un tel caillou est soumis à un frottement très violent qui peut le rendre incandescent ; l'air est alors électrisé sur son passage et forme une traînée lumineuse dans le ciel.

Le phénomène fugitif que l'on voit du sol donne l'impression d'une étoile qui file, d'où l'appellation populaire d'étoile filante. Mais cela n'a rien à voir avec les étoiles lointaines, puisqu'il s'agit tout simplement d'un caillou en train de fondre dans l'atmosphère à 80 ou 100 km au-dessus de notre tête. Un petit caillou de seulement 1 g suffit à produire une étoile filante aussi brillante que l'étoile Sirius, la plus brillante du ciel. Lorsque la décélération est brutale, le caillou peut même exploser et se fragmenter en petits morceaux ou encore, s'il est de faible masse, se volatiliser entièrement.

Les morceaux que l'on retrouve au sol sont appelés météorites. Il en tombe tous les jours sur notre planète. Le Muséum d'histoire naturelle de Paris recèle une collection de 1 600 météorites. La plupart proviennent des astéroïdes qui sont présents dans la ceinture principale, entre Mars et Jupiter. Mais certaines météorites proviennent d'impacts violents subis par la Lune ou la planète Mars. Enfin, d'autres météorites sont des débris qui subsistent après la désintégration d'une comète, à force de perte de matière à chacun de ses passages au voisinage du Soleil.

L'analyse des météorites est particulièrement intéressante pour la compréhension des étapes de la formation du Soleil et des planètes, il y a 4,5 milliards d'années, à partir d'un gigantesque amas de gaz et de poussière. L'une des plus intéressantes est la météorite de Murchison, du nom du village australien près duquel elle est tombée en 1969. Son analyse a révélé l'existence de plusieurs acides aminés comme la glycine, l'alanine, l'acide glutamique, l'isovaline et la pseudoleucine. On a également trouvé des purines et des pyrimidines, des molécules azotées présentes notamment dans les bases nucléiques des molécules d'ADN et d'ARN, et qui constituent le matériel génétique de tous les êtres vivants sur Terre.

Malgré toutes les précautions prises, on peut toujours redouter que l'analyse d'une météorite soit contaminée par des molécules terrestres, surtout si elle a séjourné longtemps au sol avant d'être ramassée et analysée.

C'est pourquoi des missions spatiales spécifiques ont été lancées. En 2020, la sonde spatiale japonaise Hayabusa2 a rapporté sur Terre des échantillons prélevés directement à la surface de Ryugu, un astéroïde carboné dont l'orbite est proche de la Terre. Ce prélèvement donne accès à la matière primitive qui composait le système solaire originel. En prélevant à la source, on réduit considérablement les risques de contamination par la vie terrestre, comme cela peut être le cas quand on analyse une météorite tombée au sol.

Fragment de la météorite Murchison et extraits décantés dans un tube à essais

Plus de 20 000 molécules organiques composées de carbone, d'hydrogène, d'oxygène, d'azote et de soufre ont été détectées dans la matière collectée à la surface de l'astéroïde Ryugu. On y a notamment trouvé de nombreux acides aminés, dont la glycine, l'alanine et l'acide α-aminobutyrique, mais surtout, pour la première fois sur un astéroïde, de l'uracile, l'une des briques de l'ARN.

La présence de ces briques essentielles du vivant sur un astéroïde et dans une météorite accrédite l'idée de l'origine extraterrestre des premiers constituants nécessaires à l'apparition de la vie sur Terre, comme on l'a vu plus haut à propos des comètes et de la glycine.

Mais la détection d'acides aminés dans des conditions difficiles, comme celles rencontrées sur les astéroïdes ou les comètes, montre peut-être tout simplement que des molécules organiques indispensables à la vie peuvent se former facilement dans l'Univers.

Il est par ailleurs important de noter que les acides aminés trouvés dans ces corps ont une chiralité équilibrée, en ce sens que l'on trouve, pour une molécule donnée, autant de formes dextrogyres que de formes lévogyres, alors que la vie sur Terre a choisi un sens et que les molécules biologiques ne donnent qu'une seule chiralité.

LES COMÈTES ET L'ORIGINE DE L'EAU SUR TERRE

L'origine de l'eau sur Terre est un sujet de débat complexe. S'il est certain que de l'eau a été produite en quantité par le volcanisme de la Terre primitive, il est vraisemblable qu'une grande partie de cette eau a pu être perdue sous l'action du rayonnement solaire.

En effet, cette eau existait essentiellement sous forme de vapeur, car après sa formation, notre planète était très chaude, les molécules d'eau ont pu être dissociées en oxygène et en hydrogène sous l'action du rayonnement ultraviolet solaire, et l'hydrogène, plus léger, a pu échapper à l'attraction terrestre pour se perdre dans l'espace.

Pour expliquer la grande quantité d'eau présente dans les océans qui recouvrent aujourd'hui notre planète, on pense que les comètes ont pu jouer un rôle de premier plan, d'autant qu'elles sont principalement composées de glace d'eau et qu'elles devaient être nombreuses à s'écraser sur Terre quand le système solaire avait tout juste 500 millions d'années d'existence.

Notre planète a alors subi ce que l'on a baptisé « le grand bombardement tardif », qui s'est produit entre 4,1 et 3,9 milliards d'années avant notre ère. Elle a alors reçu une grande quantité d'impacts d'astéroïdes et de comètes, comme en attestent les cratères lunaires.

Pour savoir si nos océans ont une origine cométaire, on peut mesurer le rapport isotopique deutérium/hydrogène (D/H). Le deutérium est une forme d'hydrogène dans laquelle l'atome est constitué d'un proton et d'un neutron, au lieu d'un seul proton. Au cours du temps, l'abondance relative du deutérium par rapport à l'hydrogène a évolué à l'intérieur du système solaire, notamment en fonction de la température et donc de l'éloignement au Soleil.

On devrait donc pouvoir déterminer l'origine de l'eau sur Terre en comparant les valeurs de D/H dans les océans et dans les comètes. On n'a pour l'instant pu mesurer D/H avec précision que sur quelques comètes, mais dans l'ensemble, les valeurs trouvées sont trop élevées pour accréditer l'origine cométaire des océans. Ainsi la comète Churyumov-Gerasimenko, observée par la sonde Rosetta, montre un rapport D/H qui est trois fois celui mesuré dans les océans terrestres. Cela semble donc minimiser la contribution des comètes à l'eau des océans.

Noyau de la comète Churyumov-Gerasimenko
photographiée par la sonde européenne Rosetta

Cette exoplanète, identifiée sous le nom 2005-BLG-390b, est 5 fois plus massive que la Terre et fait le tour de son étoile mère, une naine rouge, en 10 ans. Elle a très certainement une surface rocheuse et glacée.

04

LES EXOPLANÈTES

Depuis que l'on a compris comment se forment les étoiles, à partir d'immenses nuages de gaz et de poussières, on sait qu'elles sont quasiment toutes entourées de planètes. Sachant que chaque galaxie contient des centaines de milliards d'étoiles et que l'Univers est lui-même constitué de dizaines de milliards de galaxies, on a une idée de l'énorme quantité de planètes. Ces planètes, en orbite autour d'autres étoiles que notre Soleil, sont appelées exoplanètes ou planètes extrasolaires.

Bien que l'on sache depuis longtemps que de telles planètes existent, les moyens technologiques n'étaient pas suffisants pour les détecter jusqu'en 1995, date de la première découverte, à l'Observatoire de Haute-Provence. On en connaît aujourd'hui près de 6 000, ce qui reste une minuscule fraction de la totalité des milliers de milliards de milliards d'exoplanètes présentes dans l'Univers. Beaucoup d'entre elles doivent ressembler à notre Terre et tourner en orbite autour d'une étoile semblable à notre Soleil.

L'Observatoire de Meudon a mis en ligne un catalogue de toutes les exoplanètes connues, mis à jour régulièrement : http://exoplanet.eu/

COMMENT DÉTECTER LES EXOPLANÈTES ?

DÉTECTION PAR LA MESURE DES VITESSES RADIALES

Lorsqu'une exoplanète est en orbite autour d'une étoile, les deux astres tournent autour de leur centre de gravité commun. Vue de la Terre, l'étoile semblera donc animée d'un mouvement de va-et-vient régulier, au rythme du mouvement orbital de l'exoplanète qui lui tourne autour, sauf dans le cas exceptionnel où le plan orbital serait vu parfaitement de face.

Ce mouvement peut être détecté en mesurant la vitesse radiale de l'étoile, c'est-à-dire la vitesse que l'on observe suivant la ligne de visée. Pour cela, on utilise un spectrographe, instrument qui décompose la lumière en ses différentes couleurs, pour mesurer le décalage induit par l'effet Doppler-Fizeau. Celui-ci amène la longueur d'onde, et donc la couleur, à se décaler vers le rouge (longueur d'onde la plus grande) quand l'astre se rapproche, et vers le bleu (longueur d'onde la plus courte) quand il s'éloigne. Ce décalage est infime, et des appareils de grande précision sont nécessaires pour effectuer une mesure suffisamment fine du phénomène.

Pour donner une idée de la difficulté de la chose, si des extraterrestres observaient notre système solaire par la tranche, ils verraient surtout l'influence de Jupiter, qui induit un changement de vitesse radiale du Soleil d'environ 45 km/h sur une période de 12 ans, temps que met Jupiter pour boucler son orbite. Pour déceler un tel mouvement, il faut une précision de mesure proche du cent millionième de la longueur d'onde !

La Terre induit quant à elle un changement de vitesse radiale du Soleil plus fréquent, puisque sa période est de 1 an. En revanche, ce changement de vitesse radiale est plus d'une centaine de fois plus faible, car la masse de la Terre est beaucoup plus faible que celle de Jupiter. Son effet est donc très difficile à déceler.

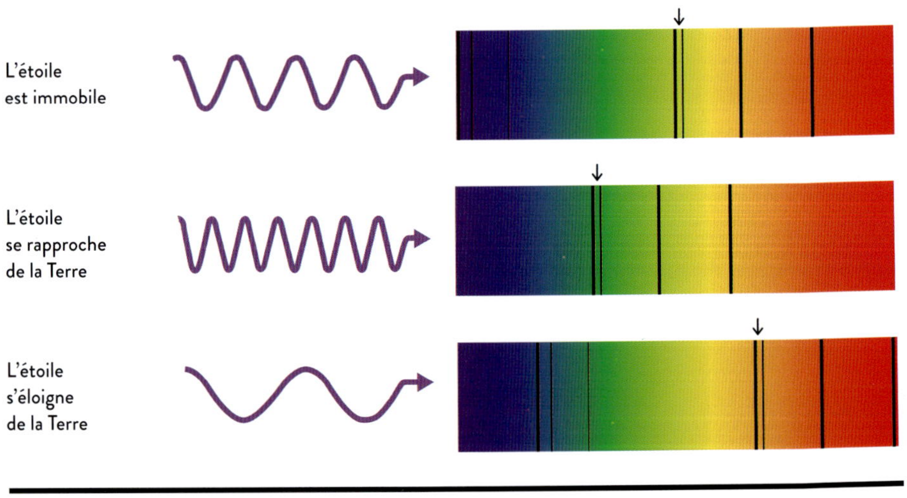

Décalage des raies du spectre d'une étoile par l'effet Doppler-Fizeau

Les raies sombres proviennent de l'absorption de la lumière par les éléments présents dans l'atmosphère de l'étoile. Le déplacement de ces raies (ici très exagéré) fournit la vitesse radiale.

LA PREMIÈRE DÉTECTION ET LE PRIX NOBEL

La première exoplanète détectée se trouve en orbite autour de l'étoile n° 51, dans la constellation de Pégase. (Elle a été baptisée 51 Pegasi b, car on nomme les exoplanètes en accolant les lettres de l'alphabet au nom de leur étoile hôte en partant de b.) Cette découverte historique a été faite en 1995 par deux astronomes de l'Observatoire de Genève, Michel Mayor et Didier Queloz, avec le télescope de 1,93 m de l'Observatoire de Haute-Provence.

Pour cette observation, récompensée en 2019 par le prix Nobel de physique, ils ont utilisé le spectrographe Elodie, conçu par l'astronome André Baranne, de l'Observatoire de Marseille. Cet instrument de mesure de la vitesse radiale faisait appel à de nombreuses innovations. La plus importante était qu'il n'était pas attaché au télescope, mais alimenté par une fibre optique venant de ce dernier. Cette configuration permet d'éliminer les perturbations liées au mouvement du télescope et aux variations de température sous la coupole. L'instrument est placé dans une pièce isolée dont on régule la température avec précision.

Le télescope de 1,93 m de l'Observatoire de Haute-Provence

C'est avec cet instrument que l'on a découvert la première exoplanète en 1995.

L'exoplanète détectée autour de 51 Pegasi a une masse voisine de celle de Jupiter et tourne en seulement 4,2 jours autour de son étoile, laquelle est très comparable à notre Soleil. Cette courte période a permis de faire sa découverte beaucoup plus facilement que s'il avait fallu attendre une dizaine d'années, au cas où elle aurait décrit une orbite comparable à celle de Jupiter autour du Soleil.

Cette proximité à son étoile implique que la surface de cette exoplanète est très chaude, puisqu'on l'estime à environ 1 000 °C. Une telle configuration a surpris les observateurs, car on ne s'attendait pas à trouver une planète de cette taille aussi proche de son étoile.

Mais beaucoup d'autres exoplanètes de même type ont été découvertes depuis. On les a baptisées les « Jupiter chauds ».

Vue d'artiste de l'exoplanète en orbite autour de l'étoile 51 Pegasi

DÉTECTION PAR LA MÉTHODE DES TRANSITS

La méthode des transits consiste simplement à observer le passage d'une exoplanète devant son étoile. Il s'agit là encore d'une méthode indirecte, puisqu'on ne voit pas la planète, mais on mesure la diminution de luminosité lorsque celle-ci passe devant son étoile. C'est donc une simple mesure photométrique, c'est-à-dire une mesure de luminosité. Elle est même à la portée d'astronomes amateurs bien équipés.

Il faut toutefois une mesure extrêmement précise de la luminosité de l'étoile. Par exemple, lorsque Jupiter passe devant le Soleil, la luminosité de ce dernier diminue d'environ un centième ; mais lorsque c'est la Terre qui passe devant le Soleil, la diminution de luminosité est inférieure au millième : elle est donc beaucoup plus difficile à détecter.

Cette méthode ne peut toutefois s'appliquer qu'aux systèmes stellaires dont le plan orbital est observé par la tranche, sinon on ne peut pas voir le passage des exoplanètes devant leur étoile. De plus, tout comme pour la méthode des vitesses radiales, il faut vérifier que le phénomène est bien périodique, c'est-à-dire qu'il se reproduit régulièrement, chaque fois que l'exoplanète repasse devant son étoile après avoir fait un tour complet de l'orbite qu'elle décrit autour d'elle. La présence de taches à la surface de l'étoile, comme on en observe à la surface de notre Soleil, peut cependant compliquer la chose en produisant de fausses détections.

Les observations de transits ont été faites non seulement avec des télescopes au sol, mais aussi depuis l'espace, afin de s'affranchir des perturbations liées à l'atmosphère terrestre. C'est d'ailleurs le satellite Kepler, de la Nasa, qui a à ce jour permis de détecter le plus grand nombre d'exoplanètes. De 2009 à 2018, il a mesuré 145 000 étoiles et détecté près de 2 800 exoplanètes ensuite confirmées par d'autres méthodes, notamment celle des vitesses radiales.

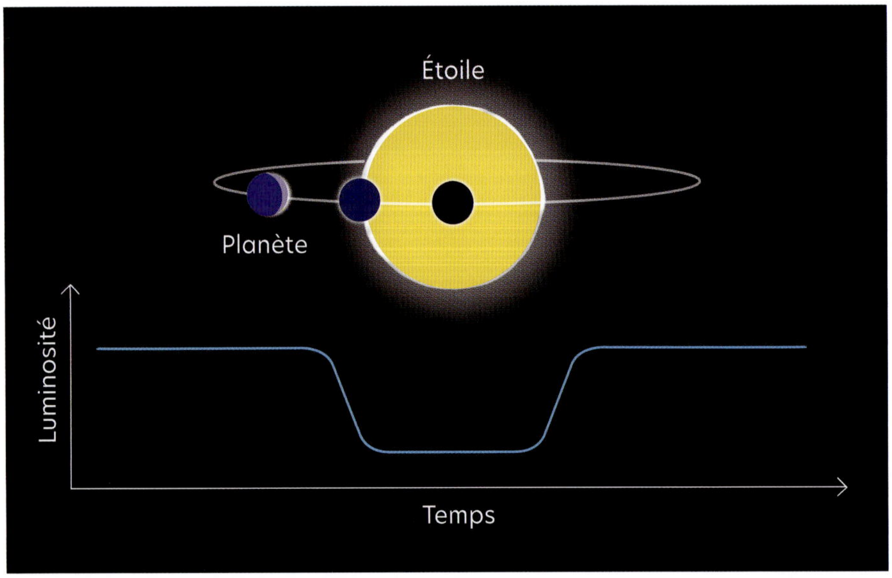

Détection d'une exoplanète par la méthode du transit

INTÉRÊT DE LA COMBINAISON DES DEUX PRINCIPALES MÉTHODES DE DÉTECTION

En permettant de mesurer la fraction d'une étoile masquée par le passage d'une exoplanète devant son disque, la méthode des transits fournit immédiatement, à partir de la fraction de la surface de l'étoile qu'elle masque en passant devant son disque, le *diamètre* de cette exoplanète, dès lors que le type (et donc la taille) de son étoile hôte est bien identifié. Quant à la méthode des vitesses radiales, elle permet de connaître la *masse* de l'exoplanète grâce aux lois de Newton sur la gravitation. Ainsi la masse et le diamètre permettent-ils de calculer la masse volumique, c'est-à-dire la densité de l'exoplanète. La connaissance des deux paramètres *diamètre* et *masse* est fondamentale pour la caractérisation d'une exoplanète, puisqu'ils nous fournissent immédiatement sa densité, d'où l'intérêt d'utiliser ces deux méthodes qui sont complémentaires.

Dans notre système solaire, les densités des planètes varient entre 4 et 5 g/cm^3 pour les planètes telluriques (Mercure, Vénus, Terre, Mars) et entre 0,7 et 1,6 g/cm^3 pour les planètes géantes (Jupiter, Saturne, Uranus, Neptune). Par la mesure de la densité, on peut donc savoir si une exoplanète est majoritairement rocheuse ou gazeuse.

DÉTECTION PAR IMAGERIE DIRECTE

Les méthodes de détection faisant appel aux transits ou aux vitesses radiales sont toutes deux indirectes et ne permettent pas de voir en image l'exoplanète détectée. C'est plutôt frustrant. Et pourtant, sur les quelque 6 000 exoplanètes détectées à ce jour, à peine plus de 200 d'entre elles ont pu être photographiées directement. La raison est simple : la faible lumière des exoplanètes très éloignées est noyée dans l'éclat de leur étoile hôte. Il est aussi difficile de les photographier que si on voulait distinguer, depuis Paris, une luciole placée à 1 m d'un phare dans la rade de Marseille, à supposer que l'on puisse faire une telle observation en ligne droite.

Si l'on observe notre système solaire de l'extérieur, Jupiter apparaît comme la plus brillante, mais elle brille un milliard de fois moins que le Soleil en lumière visible. Toutefois, on peut gagner en contraste en l'observant dans l'infrarouge, car le rapport de luminosité entre l'exoplanète et son étoile est alors moins grand. On peut aussi privilégier l'observation d'étoiles plus petites et plus froides que notre Soleil, de type naine rouge. Enfin, il faut utiliser des techniques de masquage optique sophistiquées, dans lesquelles on cache l'étoile pour mieux voir ce qui se trouve juste à côté. On appelle cela la coronographie, car les premiers masques de ce type ont été développés pour observer la couronne solaire en simulant une éclipse.

Malgré tout, l'imagerie directe reste très difficile à mettre en œuvre. Elle n'a pu aboutir que dans des cas favorables où l'exoplanète se trouvait suffisamment loin de son étoile, en l'occurrence beaucoup plus loin que Neptune par rapport au Soleil.

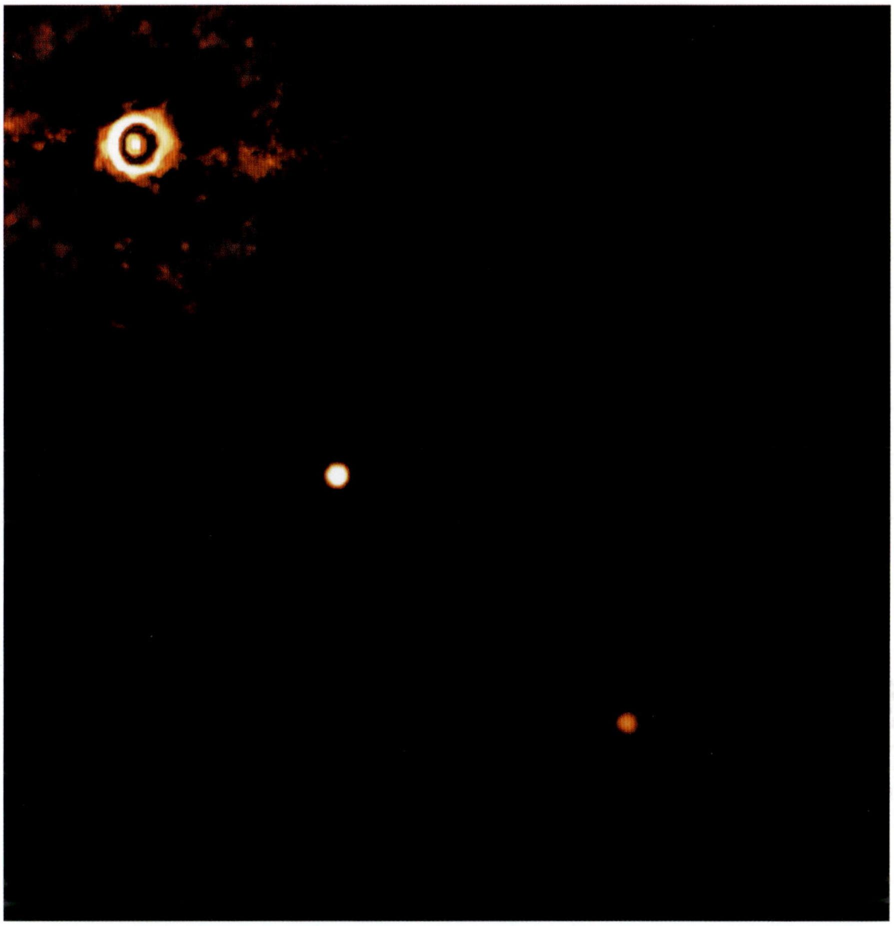

Première image directe d'un système à deux exoplanètes autour d'une étoile de type solaire

Ces deux planètes géantes ont pu être photographiées en masquant l'étoile TYC 8998-760-1 (en haut à gauche) au moyen d'un coronographe de l'instrument SPHERE sur le télescope européen VLT au Chili.

BILAN DES DIFFÉRENTES MÉTHODES DE DÉTECTION

Les méthodes de détection évoquées ci-dessus ne sont pas les seules, mais elles sont très largement majoritaires. Elles ont permis de montrer que les exoplanètes sont rarement seules autour de leur étoile et qu'il existe une grande variété de systèmes stellaires, tous assez différents de notre système solaire, notamment ceux qui sont dominés par des Jupiter chauds.

Mais il faut bien garder à l'esprit que les exoplanètes semblables à la Terre sont toujours à la limite des possibilités de détection de nos instruments. Et, bien qu'il n'y ait aucun doute sur le fait qu'elles doivent exister en grand nombre, on n'en compte pour l'instant qu'un tout petit nombre. On a tout de même pu détecter beaucoup d'exoplanètes dont la masse est égale à quelques fois celle de la Terre et qui sont rocheuses ; on les a baptisées « Super-Terres ».

N'oublions pas que les différentes méthodes de détection nécessitent de nombreuses années si l'on veut observer le mouvement orbital complet des exoplanètes les plus éloignées de leur étoile, surtout si l'on songe que Neptune met 165 ans pour faire le tour du Soleil.

Notons enfin que la méthode des vitesses radiales permet de détecter en priorité les planètes massives et à courte période orbitale. Il faudra patienter encore quelques années avant d'avoir une vision complète des systèmes stellaires accessibles à nos instruments.

Vue d'artiste de l'étoile HD 10180 entourée de sept exoplanètes

On a toutefois déjà observé des systèmes qui semblent aussi complexes que notre système solaire, comme les sept exoplanètes détectées en 2010 autour de l'étoile HD 10180, semblable au Soleil et située à 127 années-lumière de la Terre, dans la constellation australe du Serpent de Mer.

La plus grosse de ces exoplanètes aurait une masse comparable à Saturne (65 fois la Terre), cinq d'entre elles seraient semblables à Neptune (15 à 20 fois la Terre), et la plus petite ferait 1,4 fois la Terre. Mieux encore, on a découvert en 2017 un ensemble de sept exoplanètes de taille terrestre autour de l'étoile Trappist-1, une naine rouge située à 40 années-lumière dans la constellation du Verseau. Sa masse représente moins d'un dixième de la masse du Soleil, et elle est 1 000 fois moins brillante. Cinq de ces exoplanètes ont une masse très proche de celle de la Terre, et les deux autres ne font qu'un tiers de sa masse. Mais le plus intéressant dans ce système est le fait que trois de ces exoplanètes se trouvent dans la zone dite habitable.

LA VIE SUR LES EXOPLANÈTES

LA ZONE HABITABLE

Tous les organismes vivants sur Terre peuvent être considérés comme des systèmes chimiques en phase aqueuse. L'eau sous forme liquide est donc indispensable. La vie telle qu'on la connaît sur Terre ne pourra donc apparaître sur une exoplanète que si celle-ci n'est pas trop proche de son étoile, pour ne pas être un enfer, ni trop loin, pour ne pas être gelée. C'est ce que l'on appelle la zone habitable.

Cette notion reste toutefois très théorique, et ses limites sont très floues. Sur Terre par exemple, on a l'exemple des organismes extrêmophiles, qui vivent dans des conditions que l'on considère *a priori* comme non habitables. La position de la zone habitable dépend principalement de la température de l'étoile. Dans le cas de la naine rouge Trappist-1, elle est ainsi beaucoup plus proche de l'étoile que dans le cas du Soleil, car la température de surface de cette étoile est d'environ 2 200 °C, contre 5 500 °C pour notre étoile.

C'est ainsi que l'exoplanète la plus éloignée de Trappist-1 se trouve à la limite de la zone habitable, à 9 millions de kilomètres de l'étoile, soit un sixième à peine de la distance de Mercure au Soleil.

Cette notion de zone habitable autour d'une étoile est détaillée dans le chapitre suivant, de même que l'aptitude des extrêmophiles à s'adapter à des conditions extrêmes.

Certains chercheurs ont introduit la notion de zone habitable galactique, qui serait la zone d'une galaxie à l'intérieur de laquelle la vie aurait le plus de chance d'apparaître. Il faudrait notamment éviter d'être trop près des zones riches en étoiles, comme les bras spiraux ou le centre galactique, en raison du grand nombre d'étoiles que l'on y trouve et donc du risque élevé d'être exposé à une explosion de supernova qui aurait des effets dévastateurs sur l'atmosphère d'une exoplanète.

De même, l'extérieur d'une galaxie semble moins propice à l'apparition de la vie, car on y trouve moins d'éléments lourds (au-delà de l'hydrogène et l'hélium) indispensables à la formation des planètes.

Le Soleil répond bien aux deux critères énoncés ci-dessus : il se trouve entre deux bras spiraux de la Voie lactée, et presque à mi-distance entre le centre et le bord du disque galactique dont le diamètre est d'environ 100 000 années-lumière. Notre étoile a donc une localisation plutôt banale dans notre galaxie.

Vue d'artiste d'exoplanètes autour de l'étoile naine rouge Trappist-1

Les sept exoplanètes de ce système se trouvent toutes dans la zone habitable de l'étoile.

COMMENT ANALYSER L'ATMOSPHÈRE DES EXOPLANÈTES ?

Malgré leur éloignement et l'impossibilité d'obtenir des images d'exoplanètes autres que celles qui montrent simplement un point brillant, on peut imaginer à quoi elles ressemblent en faisant appel à l'analyse spectroscopique.

Lorsqu'on observe une exoplanète passant devant son étoile, la lumière qui parvient jusqu'à nous traverse l'atmosphère planétaire, où elle est absorbée par les molécules présentes. On retrouve donc dans le spectre observé la signature de ces molécules. Encore faut-il que l'atmosphère de l'exoplanète soit suffisamment épaisse pour que cette signature soit lisible.

Cette technique a été appliquée avec succès sur quelques exoplanètes, permettant de détecter du monoxyde de carbone (CO), du gaz carbonique (CO_2), du sodium (Na) ainsi que de l'eau (H_2O), ou encore du méthane (CH_4) et du dioxyde de Titane (TiO_2).

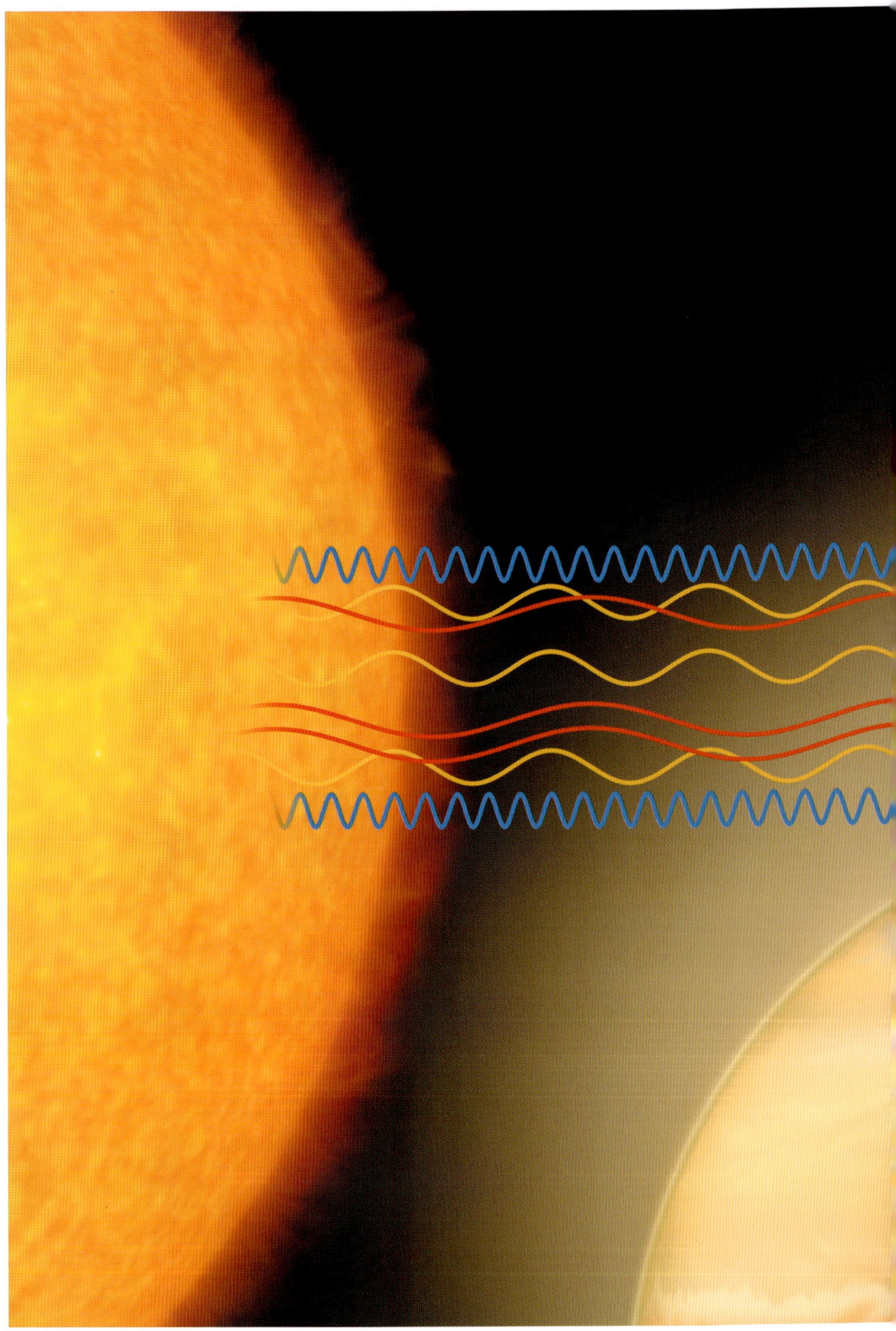

Schéma montrant la détection de molécules dans l'atmosphère de l'exoplanète Wasp-19 b

On y a détecté de l'eau, de l'oxyde de titane et un peu de sodium, dans une brume diffusante.

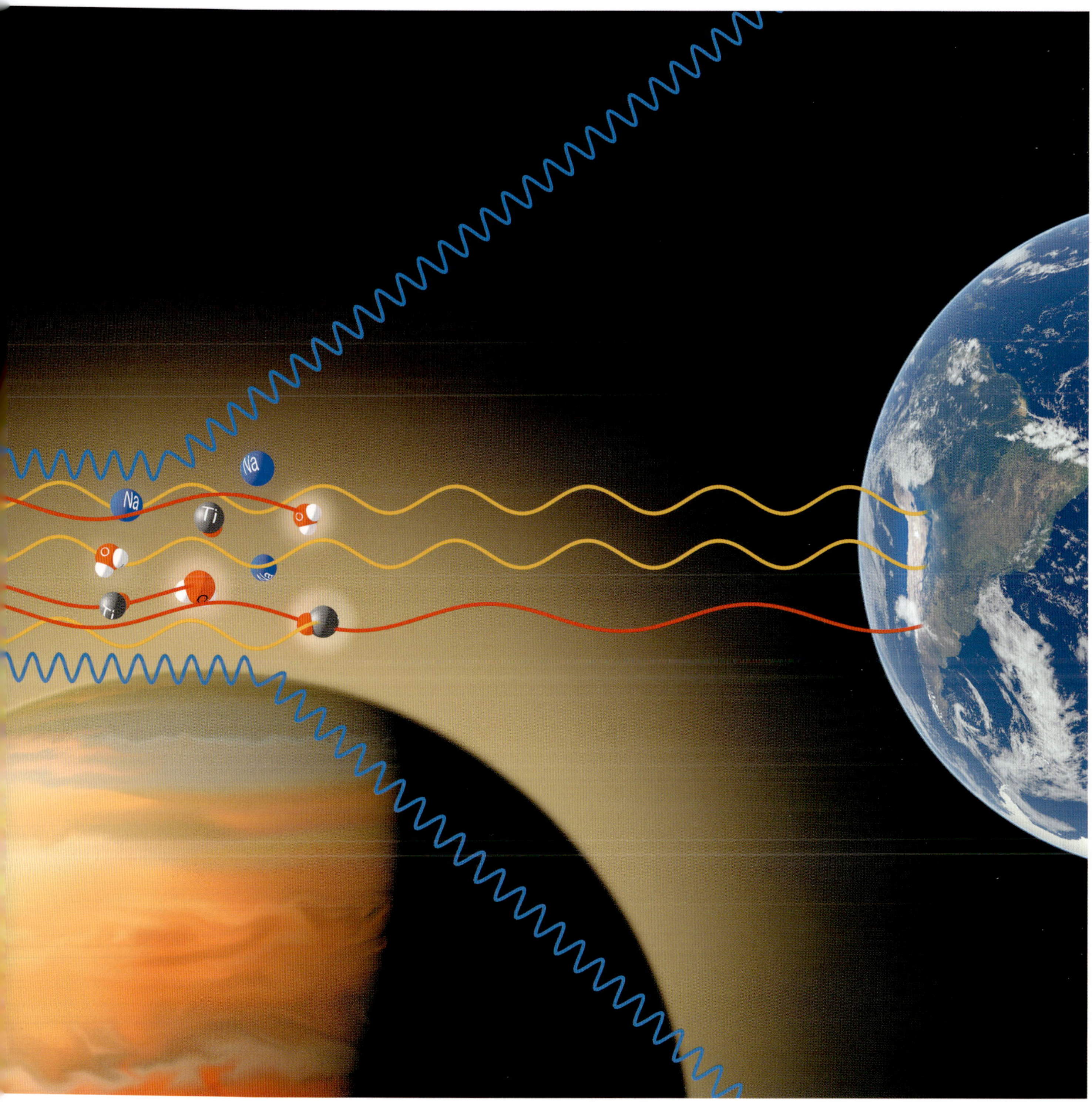
Na
Na
Ti

QUELLES MOLÉCULES POURRAIENT ÊTRE DES BIOSIGNATURES ?

La détection du méthane, faite dans l'atmosphère de plusieurs exoplanètes, est particulièrement intéressante. Il s'agit en effet de la molécule organique la plus simple, et elle représente l'une des signatures possibles du vivant. Bien entendu, la détection de chlorophylle, molécule indispensable à la photosynthèse des végétaux sur Terre, serait une preuve indiscutable de la présence de vie, mais cela reste hors de portée de nos moyens d'observation actuels.

La détection récente de sulfure de diméthyle dans l'atmosphère de l'exoplanète K2-18 b constitue néanmoins une heureuse surprise dans la quête des biosignatures. Cette exoplanète est en orbite autour de l'étoile K2-18, une naine rouge située à environ 120 années-lumière, dans la constellation du Lion. K2-18 b a une masse équivalente à presque 9 masses terrestres, intermédiaire donc entre la Terre et Neptune, ce qui la classe parmi les Super-Terres. Bien que située dans la zone habitable de son étoile, K2-18 b serait plus gazeuse que rocheuse,et aurait une atmosphère principalement composée d'hydrogène et d'hélium, ainsi que de vapeur d'eau. Cette exoplanète pourrait être un monde-océan, recouvert d'eau liquide, où régneraient une pression atmosphérique et une température comparables à celles de la Terre.

En septembre 2023, le télescope spatial James Webb a permis de détecter du gaz carbonique et du méthane dans son atmosphère principalement composée d'hydrogène et de vapeur d'eau. Mais le plus intéressant est la détection de sulfure de diméthyle. Cette molécule est produite par le phytoplancton sur Terre. Il sera d'autant plus important de confirmer une telle découverte que l'on ne sait pas comment cette molécule pourrait être produite autrement.

Vue d'artiste de l'exoplanète K2-18 b

LES EXOPLANÈTES LES PLUS PROCHES DE LA TERRE

L'étoile la plus proche du Soleil est Proxima du Centaure (Proxima Centauri), une naine rouge située à 4,2 années-lumière de nous. Elle tourne en orbite en 550 000 ans autour d'un système binaire composé de deux étoiles assez semblables au Soleil, Alpha Centauri A et Alpha Centauri B. Ces deux étoiles sont à 4,4 années-lumière de nous et se tournent l'une autour de l'autre en 80 ans. Deux exoplanètes, Proxima Centauri b et Proxima Centauri d, ont été détectées de manière certaine autour de Proxima. Une troisième, Proxima Centauri c, n'a pas pu être confirmée à ce jour.

On estime que la masse de Proxima Centauri b est la même que celle de notre Terre, alors que Proxima Centauri d aurait seulement un quart de masse terrestre. Quant à Proxima Centauri c, si elle existe, elle serait beaucoup plus loin de son étoile que les deux autres et aurait une masse équivalente à environ 7 masses terrestres. Cette dernière mettrait 5 ans pour parcourir son orbite autour de Proxima Centauri, tandis que les deux autres exoplanètes, Proxima Centauri b et Proxima Centauri d, très proches de leur étoile, bouclent leur orbite en respectivement 11 jours et 5 jours. Mais Proxima est une naine rouge dont la température de surface est à peine 2 700 °C (contre 5 500 °C pour notre Soleil), de sorte que Proxima Centauri b se trouve dans la zone habitable où l'eau peut exister sous forme liquide.

Les tentatives de détection autour d'Alpha Centauri B n'ont pour l'instant rien donné de certain. Un signal faible pourrait correspondre à la présence de deux exoplanètes, mais cela reste à confirmer. En revanche, on pense avoir détecté une exoplanète autour d'Alpha Centauri A. Elle aurait la masse de Neptune, et se trouverait dans la zone habitable de son étoile.

Vue d'artiste de la surface de l'exoplanète de taille terrestre Proxima Centauri b

On voit à gauche l'étoile Proxima Centauri et, en arrière-plan, le système d'étoiles binaire Alpha Centauri A et Alpha Centauri B, autour duquel Proxima Centauri est en orbite.

Vue d'artiste de l'exoplanète *Proxima* Centauri d

On voit au premier plan Proxima Centauri d et, à gauche l'étoile, Proxima Centauri, accompagnée des exoplanètes Proxima Centauri b et Proxima Centauri c, reconnaissables aux deux points brillants en haut et au centre de l'image.

AUTOUR DE QUEL TYPE D'ÉTOILE A-T-ON LE PLUS DE CHANCE DE TROUVER LA VIE ?

La vie a besoin d'un apport en énergie, et la lumière apportée par une étoile est la source d'énergie la plus naturelle. Il semble toutefois illusoire de chercher la vie sur une exoplanète en orbite autour d'une étoile massive et chaude, car le rayonnement ultraviolet intense d'un tel astre a de fortes chances de détruire à terme tout organisme vivant.

De plus, ce type d'étoile a une durée de vie relativement courte – quelques millions d'années à peine –, ce qui est court au regard du temps nécessaire à l'évolution de la vie. En effet, sur Terre, depuis les premières cellules apparues dans les océans, il a fallu des milliards d'années pour arriver à des êtres pensants.

Les étoiles dont la masse est supérieure à 8 masses solaires ne peuvent pas héberger la vie de manière durable, car elles explosent en fin de vie sous la forme de supernova, détruisant alors toute forme de vie qui aurait pu apparaître sur les planètes qui les entourent.

En conclusion, on s'intéressera aux exoplanètes en orbite non seulement autour d'étoiles du type du Soleil, mais aussi autour de celles qui représentent quelques masses solaires, ainsi qu'autour de celles qui sont plus petites, par exemple les naines rouges. En réalité, cela ne réduit guère les possibilités, car la grande majorité des étoiles dans l'Univers est effectivement comprise entre quelques fois la masse du Soleil et un dixième de sa masse.

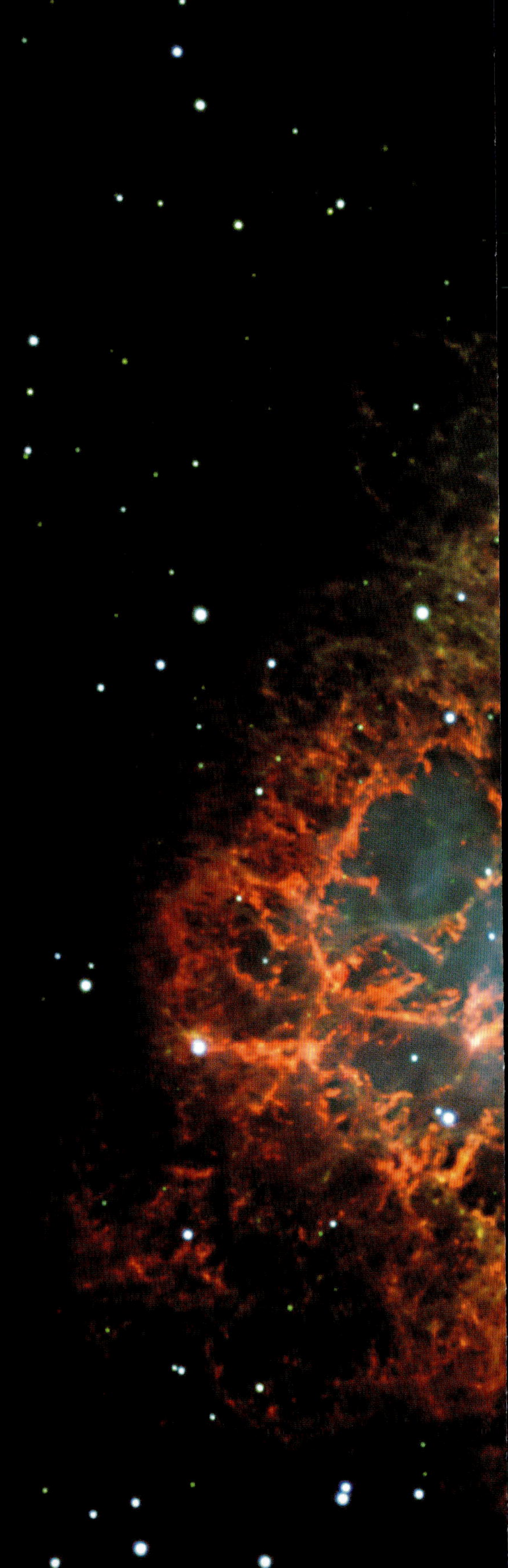

La nébuleuse du Crabe

Ce nuage de gaz déchiqueté est le reste d'une étoile ayant explosé en supernova.

LA VIE DOIT S'ADAPTER À L'ÉVOLUTION STELLAIRE

Il ne faut pas oublier que toutes ces étoiles, même si elles ont une grande stabilité, connaissent inévitablement des variations de régime auxquelles la vie devra s'adapter. Ainsi, le Soleil deviendra dans 4 à 5 milliards d'années une géante rouge et gonflera alors au point d'absorber Mercure et Vénus, puis la Terre.

Bien longtemps avant qu'il n'absorbe notre planète, sa surface brûlante s'en approchera dangereusement et la chauffera au point de la rendre inhabitable. S'il y a encore des habitants sur Terre à ce moment-là, il faudra qu'ils déménagent en s'éloignant du Soleil, peut-être en rendant Mars habitable par la création d'une atmosphère artificielle riche en oxygène.

Cela ne sera toutefois qu'un sursis, car aucune étoile n'est éternelle et, lorsque le Soleil en fin de vie deviendra une naine blanche, sa taille se réduira au point de devenir aussi petit que la Terre. Il ne produira plus de réactions de fusion nucléaire en son sein et il brillera beaucoup moins fortement qu'aujourd'hui. Sa température de surface restera néanmoins très élevée. Elle pourra même atteindre, du fait de la réduction de sa taille, quelques dizaines de milliers de degrés. La température diminuera ensuite inexorablement du fait de l'absence de source d'énergie centrale. Le Soleil s'éteindra donc progressivement, son extinction complète prenant quelques milliards d'années.

Si les Terriens ont pu déménager sur Mars lors de la phase géante rouge du Soleil, et s'adapter ensuite à la transformation de leur étoile en naine blanche, ils n'auront plus de source d'énergie lors de l'extinction définitive. Le déménagement sera alors de nouveau indispensable ; toutefois, il sera beaucoup plus complexe à mettre en œuvre, l'étoile la plus proche se trouvant à quelques années-lumière...

Encore faut-il que nos descendants aient survécu à la phase de transition entre la géante rouge et la naine blanche. En effet, le Soleil va alors éjecter une partie de ses couches externes de manière assez violente, produisant une sorte de grande bulle de gaz ionisé qui se propagera à une vitesse de plusieurs dizaines de milliers de km/h.

Il en résultera une nébuleuse bien spécifique, à la forme d'un disque centré sur l'étoile qui a éjecté le gaz. Ce type d'objet est bien connu et fréquemment observé autour d'étoiles plus âgées que le Soleil. On lui a donné le nom de « nébuleuse planétaire », car le disque de gaz éjecté évoque la forme d'un disque de planète, mais c'est un abus de langage. Quand notre Soleil arrivera à ce stade, l'atmosphère des planètes qui l'entourent risque bien d'être entièrement balayée par le passage de la bulle de gaz ionisé en expansion.

Nébuleuse planétaire ESO 378-1

La bulle de gaz éjectée par l'étoile centrale il y a quelques milliers d'années a pu être fatale à la vie éventuellement présente sur les planètes qui l'entourent.

Cette vue d'artiste montre l'exoplanète Gliese 667Cd en premier plan et, dans le ciel, son étoile mère Gliese 667C qui fait partie d'un système triple, avec les étoiles Gliese 667A et Gliese 667B en haut au centre. Le croissant à gauche de l'étoile principale est l'exoplanète Gliese 667Ce. Trois planètes de ce système, un record, sont des super-Terres situées dans la zone autour de l'étoile où de l'eau liquide pourrait exister, ce qui en fait des candidates possibles à la présence de vie. Il s'agit du premier système trouvé avec une zone habitable entièrement remplie.

Le réseau de radiotélescopes millimétriques ALMA, installé à 5000 m d'altitude au Chili, est à l'écoute de l'Univers.

05

QUELLE VIE AILLEURS ET COMMENT COMMUNIQUER ?

MYTHES ET RÉALITÉS

DEPUIS QUAND CROIT-ON AUX EXTRATERRESTRES ?

Dans son immense sentiment de solitude devant le ciel infini, l'homme s'est de tout temps interrogé sur l'existence d'autres mondes, ailleurs que sur Terre.

Le plus loin que l'on puisse remonter date de l'Antiquité. Déjà, plus de 500 ans av. J.-C., les philosophes Grecs spéculaient sur la pluralité des mondes. Thalès de Milet (environ 625 – environ 547 av. J.-C.), considéré comme le premier philosophe et mathématicien grec, célèbre pour le théorème qui porte son nom, pensait que ce qu'il observait sur Terre devait être universel et en déduisait que d'autres mondes habités pouvaient exister. Pour lui, l'eau était l'élément primordial à l'origine de toutes choses, le principe originel. Et à partir du moment où il y avait de l'eau sur d'autres corps célestes, la vie pouvait s'y développer.

Plus tard en revanche, Pythagore (environ 580 – environ 500 av. J.-C.), suivi de Platon (environ 428 – environ 347 av J.-C.) et d'Aristote (384 – 322 av. J.-C.), étaient convaincus de l'unicité de notre monde, qui aurait été créé de manière unique par les dieux. Le ciel était leur demeure exclusive, raison pour laquelle les planètes portent des noms de divinités grecques ou latines.

Quant à Épicure (341-270 av. J.-C.), comme tous les atomistes en général, il imaginait un univers infini et donc un nombre infini de mondes.

Galilée et le doge de Venise, fresque de Giuseppe Bertini, 1858

Mais c'est la vision d'Aristote qui s'est imposée et qui a traversé les époques, jusqu'à Copernic (1473-1543). Il cessa de mettre la Terre – et l'Homme – au centre du monde, en démontrant que c'est la Terre qui tourne autour du Soleil, et non l'inverse. Ses idées furent relayées notamment par le moine et philosophe Giordano Bruno (1548-1600), au XVIe siècle. S'il n'existe ni centre, ni lieu ou direction privilégiés, c'est que l'Univers est infini et donc qu'il existe une pluralité de mondes, tout autant habités que l'est la Terre. Ses idées hérétiques conduisirent malheureusement Giordano Bruno au bûcher à Rome.

En même temps, Galilée (1564-1642), avec ses lunettes astronomiques, offrait aux yeux de ses contemporains une nouvelle vision de l'Univers. Il découvrit que la Lune possédait des montagnes comme la Terre, que des satellites tournaient autour de Jupiter, tout comme la Lune autour de la Terre, et que notre planète n'avait finalement rien d'unique. La révolution copernicienne était en marche, et de nouvelles idées germaient.

À la même époque, l'astronome allemand Johannes Kepler (1571-1630), qui connaissait bien les travaux de Galilée, soutenait à son tour que la vie sur d'autres planètes était inévitable. Afin de diffuser ses théories sur la mécanique céleste héliocentrique, Kepler écrivit ainsi probablement le premier livre de science-fiction, *Le Songe* (*Somnium* en latin), dans lequel il décrit les observations d'un voyageur parti explorer la Lune.

Au XVIIe siècle, la pluralité des mondes était désormais acceptée. Des scientifiques se posèrent alors pour la première fois la question des conditions propices ou non à la vie sur d'autres planètes. La Lune et ses reliefs similaires à la Terre fut en premier au centre des conjectures. Le physicien et astronome néerlandais Christiaans Huygens (1629-1695), par exemple, découvreur de Titan, le satellite de Saturne, était convaincu de l'existence de la vie sur d'autres planètes. Il se demanda si la Lune abritait de l'eau, condition indispensable à l'existence d'habitants, même s'il doutait qu'elle fût dotée d'une atmosphère.

À l'inverse, le grand astronome William Herschel (1738-1822), découvreur d'Uranus, se fourvoya en imaginant des habitants un peu partout, en particulier sur le Soleil, qu'il considérait comme « une très grosse planète lumineuse ». Il pensait que les taches solaires qu'il observait étaient des villes ou des régions denses en population et supposait que l'incandescence du Soleil n'était que superficielle.

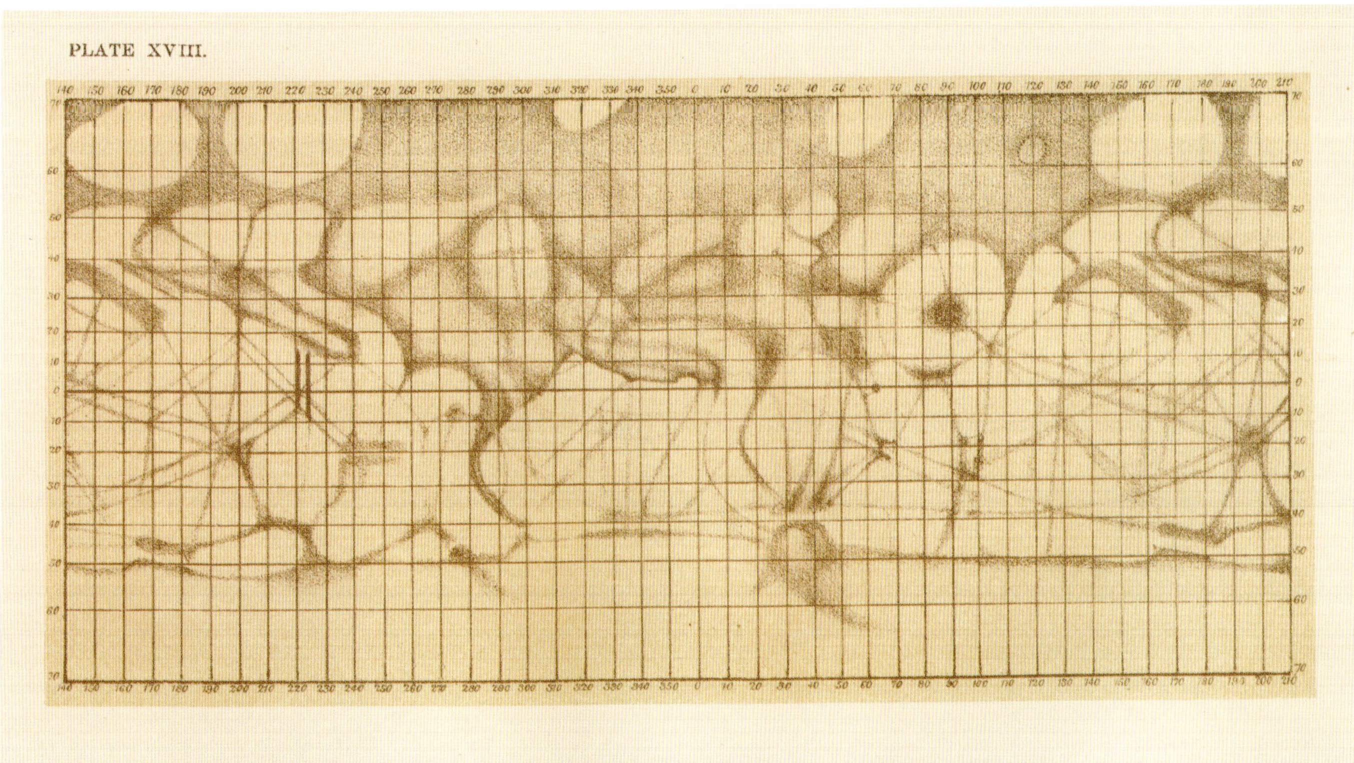

Carte de la planète Mars par Schiaparelli (1881-1882)

Au XIXe siècle, c'est vers Mars que l'on se tourna. L'astronome Giovanni Schiaparelli (1835-1910) observa à la surface de la planète rouge des structures linéaires, qu'il dénomma « canali ». Objets de débats intenses, ces canaux furent parfois interprétés comme la preuve de la présence d'une civilisation martienne avancée. Il fallut attendre le début du XXe siècle et la qualité des images fournies par la nouvelle grande lunette de l'Observatoire de Meudon pour mettre fin à la controverse, et admettre enfin que ces canaux étaient une illusion d'optique, comme l'expliqua l'astronome Eugène Antoniadi en 1909.

À la même époque, la théorie de la panspermie, qui suppose que la vie ne serait pas apparue sur Terre, mais proviendrait d'ailleurs dans l'Univers et aurait ensuite ensemencé notre planète, trouva de fervents défenseurs parmi de très grands savants : les physiciens lord Kelvin, alias William Thomson (1824-1907), et Hermann von Helmholtz (1821-1894), ou le chimiste Svante Arrhenius (1859-1927), prix Nobel de chimie en 1903, pour n'en citer que quelques-uns.

Le Voyage dans la Lune, de George Méliès, 1905

Entre-temps, à défaut de preuve concrète de l'existence d'une vie extraterrestre, les écrivains s'emparèrent de cet engouement, et l'on vit fleurir dès le XIXe siècle toute une nouvelle littérature mêlant la science, c'est-à-dire ce qui est observé, démontré, et plus ou moins compris, à la fiction, qui se base sur l'imaginaire, tout ce qui n'a pas (encore) été prouvé et observé, voire, qui est parfois contraire aux lois de la physique et de la chimie.

L'exemple le plus célèbre est bien évidemment Jules Verne (1828-1905), qui propose un visionnaire voyage de la Terre à la Lune puis autour de la Lune. Dans ces voyages, les Sélénites, habitants supposés de la Lune, ne restent qu'hypothétiques, ce que lui reprochera l'astronome Camille Flammarion (1842-1925), bien moins prudent que lui.

Citons également le célèbre romancier anglais Herbert George Wells (1866-1946), inspiré par les débats de son époque sur les canaux de Mars, et son roman *La Guerre des mondes*, dans lequel des Martiens attaquent Londres avant d'envahir la Terre, et d'être finalement anéantis par les microbes terriens.

Toutes ces idées, émises par d'illustres savants, montrent qu'il devient alors nécessaire de s'appuyer sur des données scientifiques et des observations solides. À chaque fois, l'idée de fond était la même, à toutes les époques : si l'on considère que la Terre est unique, éventuellement centrale, dans ce cas il ne peut y avoir d'autres vies ailleurs. À l'inverse, si la Terre n'a rien d'unique, la vie qui y règne ne l'est probablement pas non plus et doit proliférer ailleurs aussi.

Un point de vue plus nuancé, intermédiaire, a davantage de mal à se faire entendre : la Terre pourrait-elle être une planète quelconque, mais la vie, un phénomène exceptionnel ? Pour répondre à ces questions intemporelles, une nouvelle science se met en place au milieu du XXe siècle. En 1960, le généticien Joshua Lederberg (1925-2008), prix Nobel de physiologie et de médecine en 1958, forge le mot « exobiologie » pour définir le domaine de recherche portant sur la vie ailleurs que sur Terre et sur les origines de la vie. L'exobiologie, également appelée astrobiologie, va véritablement prendre son essor à l'ère de l'exploration spatiale et se développer à la croisée de nombreuses disciplines, comme l'astrophysique, la chimie, la biologie, la paléontologie, la géologie, la philosophie, etc.

LES RELIGIONS ET LA VIE AILLEURS

Si les savants, scientifiques et philosophes n'ont cessé de débattre sur la possibilité de vie ailleurs que sur Terre, qu'en est-il des religions ? Dans presque toutes les religions, le ciel est le domaine des dieux. C'est même inscrit dans l'étymologie du mot « dieu », sa racine indo-européenne signifiant « ciel lumineux ».

Dès l'Antiquité, des conflits apparaissent donc entre sciences et religion. Le philosophe grec Anaxagore (environ 500– 428 av. J.-C.), qui aurait créé le mot « panspermie » (du grec *pan*, « tout », et *sperma*, « graine », toutes les graines), et qui considérait que la vie sur Terre venait probablement d'ailleurs, provoqua l'ire des Athéniens avec ses idées accusées d'athéisme. À l'issue de son procès, il fut banni de la cité. Deux millénaires plus tard, on l'a vu, c'est Giordano Bruno qui périt sur le bûcher, en 1600, à l'époque de l'Inquisition. Galilée y échappa de peu, mais fut fermement condamné par l'Église. Rappelons également l'habileté de la réponse de Laplace (1749-1827) à Napoléon, en 1802, à propos de son *Traité de mécanique céleste*. Alors que l'empereur l'interrogeait sur l'absence de la mention de Dieu dans son ouvrage, le savant lui répondit : « Sire, je n'ai pas eu besoin de cette hypothèse. »

Pierre-Simon de Laplace

Aujourd'hui, le dialogue entre les sciences et l'Église est beaucoup plus fluide. L'Académie pontificale des sciences, remise en activité dans la première moitié du XXe siècle, sous l'autorité directe du pape et composée de scientifiques de très grand renom, s'est ainsi réunie en 2008 sur le thème « L'évolution de l'Univers et de la vie ».

Dans le discours qu'il y a tenu, le pape Benoît XVI a rappelé ce qu'avaient dit avant lui les papes Jean-Paul II et Pie XII : il n'y avait « pas d'opposition entre la compréhension de la Création à travers la foi et la preuve des sciences empiriques ». Jean-Paul II avait également reconnu que la théorie de l'évolution était désormais « plus qu'une hypothèse ». La Création divine doit s'entendre comme un soutien, un accompagnement de ce qui évolue, de ce que nous sommes et devenons, non comme un événement ponctuel. En 2014, le pape François affirmait avec humour qu'il ne refuserait pas le sacrement du baptême à un petit homme vert fraîchement débarqué de Mars s'il le lui demandait ! De nombreux théologiens considèrent aujourd'hui que la découverte de vie sur d'autres planètes ne serait pas en contradiction avec la foi chrétienne, mais bien l'occasion de porter un regard nouveau sur l'altérité de l'humanité et son sens dans la tradition chrétienne.

Ce dialogue entre sciences et christianisme se traduit par exemple dans les travaux de l'Observatoire du Vatican. De tout temps, les Églises ont eu des astronomes. Elles ont construit des observatoires pour scruter l'Univers, ne serait-ce que pour maîtriser le calendrier calé sur les astres et ainsi fixer les dates des fêtes religieuses.

En 2023, des chercheurs et théologiens de l'Observatoire astronomique du Vatican ont publié le résultat d'une vaste étude qui a permis le recensement d'exoplanètes, en collaboration avec des astronomes de l'Institut Leibniz d'astrophysique de Potsdam, près de Berlin, et l'Observatoire du Teide à Tenerife, aux Canaries. Enfin, en juin 2023, le pape François a fait envoyer avec l'Agence spatiale italienne une mission dans l'espace baptisée Spei Satelles (Gardien de l'espoir). Ce satellite transmet par un signal radio une prière du pape François et des messages d'espérance. Ces messages s'adressent-ils uniquement aux êtres humains sur Terre ou potentiellement à d'autres créatures de Dieu ailleurs dans l'Univers ?

Dans la Torah, texte sacré du judaïsme, il n'est fait aucune mention de l'existence éventuelle d'autres mondes que la Terre. Toutefois, les rabbins juifs traiteraient de la question de la vie ailleurs dans l'Univers depuis le Moyen Âge. Et d'un point de vue théologique, affirmer qu'il ne peut y avoir de vie en dehors de la Terre reviendrait à mettre des limites à la puissance créatrice de Dieu, une idée absolument inacceptable pour les juifs.

Dans l'islam en revanche, la possibilité d'une vie extraterrestre est inscrite dans le Coran à plusieurs reprises. Citons par exemple le verset coranique 29 de la sourate 42 : « Et parmi Ses signes se trouve la création des Cieux et de la Terre, et des êtres vivants qu'Il a disséminés. Il a en outre le pouvoir de les réunir quand Il voudra. » Ce verset suggère effectivement qu'il peut y avoir d'autres existences dans les cieux ailleurs que sur Terre, disséminées par le Créateur. De même, la sourate 65, verset 12, nous dit : « C'est Allah qui a créé sept cieux et autant de terres. Son commandement descend entre eux, afin que vous sachiez qu'Allah est en vérité omnipotent et qu'Allah a embrassé toute chose de Son savoir. » L'interprétation des versets coraniques peut toutefois varier selon les érudits et les théologiens. Ils peuvent être interprétés soit de manière symbolique, soit comme faisant effectivement référence à l'existence d'autres mondes.

La possibilité d'une autre vie, ailleurs dans l'Univers, est donc sérieusement envisagée par les religions. Il y a quelques années à peine, la Nasa a ainsi participé à une étude avec des prêtres chrétiens, un imam musulman et un rabbin juif, sur « les implications sociétales de l'astrobiologie ». De ces travaux a émergé la constatation que « les adeptes d'un large éventail de traditions religieuses ont déclaré être prêts à accepter l'idée sans que cela les inquiète ».

Observatoire du Vatican à Castel Gandolfo

L'Observatoire astronomique du Vatican,
à Castel Gandolfo (Italie)

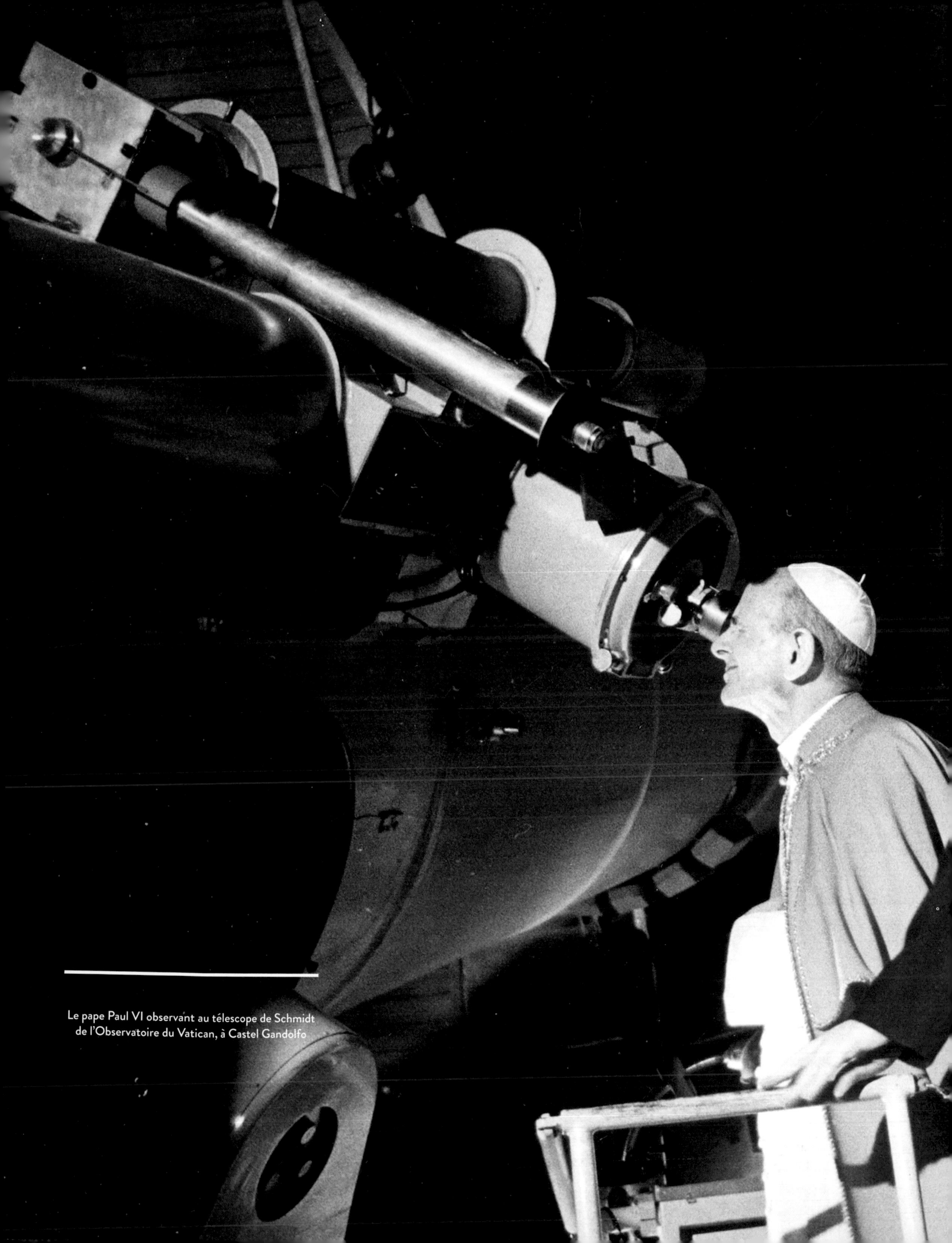

Le pape Paul VI observant au télescope de Schmidt de l'Observatoire du Vatican, à Castel Gandolfo

AUX FRONTIÈRES DU VIVANT : LES EXTRÊMO-PHILES

Avant même d'envisager de la vie ailleurs dans l'Univers, on peut s'interroger sur les limites dans lesquelles la vie peut prospérer. À ce titre, l'étude des extrêmophiles est très riche d'enseignements. Ces organismes vivants évoluent dans des environnements en apparence particulièrement hostiles. Leurs capacités à endurer des conditions extrêmes pour se développer nous montrent toutes les facultés d'adaptation de la vie, quelles en sont les limites potentielles, et par là-même, quelles seraient les possibilités de vie ailleurs dans l'Univers.

LES THERMOPHILES ET HYPERTHERMOPHILES

Les thermophiles et hyperthermophiles, étymologiquement « ceux qui aiment les endroits chauds et très chauds » (du grec *thermos*, « chaleur », et *philo*, « aimer, apprécier »), sont un exemple frappant de ces organismes proliférant dans des milieux *a priori* inhospitaliers.

Les températures élevées détériorent gravement les macromolécules et tissus biologiques. C'est le principe même de la cuisson : quand on chauffe les aliments, ils changent de texture. L'exemple le plus visible est celui de l'œuf sur le plat : les protéines du jaune et du blanc d'œuf coagulent dans la poêle – on dit qu'elles s'agrègent –, selon un processus irréversible qui détruit leur structure active. C'est également le principe de la pasteurisation et de la stérilisation : on chauffe les aliments à très haute température de manière à tuer toutes les bactéries pathogènes présentes dans nos aliments, afin de les conserver plus longtemps.

Pourtant, certains organismes vivants se sont adaptés pour survivre à des températures élevées. LUCA, notre ancêtre commun à tous, était même probablement déjà thermophile.

Éruption du geyser Strokkur, en Islande

Le geyser Strokkur, en Islande

Pour la plupart, il s'agit de bactéries et d'archées (des micro-organismes) vivant dans les sources chaudes. On trouve le plus souvent ces sources chaudes à proximité des zones volcaniques. Quand ces mares ou ces rivières d'eau sont chauffées par le sous-sol magmatique, comme c'est le cas au parc de Yellowstone (États-Unis) ou en Islande, elles peuvent atteindre des températures de plus de 70 °C. Et quand l'eau infiltrée dans le sous-sol se met à bouillir avant de brusquement jaillir en surface, elle forme des geysers.

Les premières bactéries thermophiles ont été découvertes à Yellowstone par le microbiologiste américain Thomas Brock, dans les années 1960. L'une d'elles, emblématique, a été baptisée *Thermus aquaticus*, ce qui veut tout simplement dire « eau chaude » en latin. Sa température idéale de croissance est de 70 °C. Cette bactérie est très connue des microbiologistes, car une de ses enzymes, nommée la *Taq polymerase* (*Taq* pour T. Aquaticus), a été utilisée pour mettre au point la technique de PCR (Polymerase Chain Reaction).

Telle une photocopieuse moléculaire, cette technique permet de reproduire en grand nombre une quantité initiale infinitésimale d'ADN. Elle est passée dans notre quotidien depuis la pandémie de Covid-19, dès lors que nous devons faire un test pour détecter la présence éventuelle de virus, même en faible quantité, en traquant les traces de son ADN.

Source chaude de Krýsuvík à Seltún, au sud de l'Islande

Ces sources chaudes dont les températures atteignent les 100 °C sont peuplées de bactéries et d'archées thermophiles et hyperthermophiles.

Les organismes hyperthermophiles, eux, prolifèrent de manière optimale à des températures de plus de 80 °C. On les trouve dans les sources hydrothermales situées au niveau des dorsales océaniques, là où la croûte terrestre s'écarte, à plusieurs centaines ou milliers de mètre de profondeur. Du fait de la forte pression, la température peut largement dépasser les 100 °C sans que l'eau se mette à bouillir. Si l'on y trouve quelques bactéries dont l'optimum de croissance dépasse les 90 °C, les hyperthermophiles les plus extrêmes sont des archées.

Un record de survie aux hautes températures a été enregistré à 121 °C chez une archée baptisée « souche 121 », mais cette observation n'a jamais pu être reproduite. L'archée *Pyrolobus fumarii*, elle, peut croître jusqu'à 113 °C. C'est dans ces écosystèmes que l'on a également découvert l'animal capable de tolérer les plus fortes températures à ce jour : le ver marin *Paralvinella sulfincola*, d'environ 5 cm de long, qui survit pendant plusieurs heures à plus de 50 °C, par des températures beaucoup plus basses cependant que pour les archées.

Tous ces thermophiles et hyperthermophiles ont développé, au niveau moléculaire, des mécanismes d'adaptation aux chaleurs extrêmes, leur permettant de supporter l'agitation thermique élevée qui, sinon, casserait les liaisons stabilisant les macromolécules biologiques. Ces mécanismes d'adaptation ont toutefois des limites, car aucun organisme vivant n'a été démontré capable de survivre à des températures supérieures à 130 °C, alors que les émanations des sources hydrothermales atteignent des températures de plus de 350 °C. Des planètes comme Mercure ou Vénus, où règnent des températures infernales de plus de 450 °C, auraient donc bien du mal à héberger une quelconque forme de vie semblable à la vie terrestre.

LES PSYCHROPHILES DES GLACES

À l'inverse, les températures les plus froides sont tout aussi mortelles. Pensons à la bouteille oubliée dans le congélateur, qui explose du fait de la dilatation de l'eau quand elle se solidifie. C'est la même chose pour les cellules : si leurs liquides intérieurs se transforment en glace et se dilatent trop, la membrane rompt, et la cellule est détruite.

Les organismes qui supportent les températures les plus froides s'appellent les *psychrophiles*, du grec *psychros*, « froid ». Ces organismes ont développé des mécanismes d'adaptation multiples pour supporter les températures négatives. Les fluides cellulaires peuvent être très concentrés en sel afin d'abaisser la température de formation de la glace, de la même manière que nous salons nos routes quand il neige.

Plus original, ils peuvent posséder des protéines dites « antigel », qui empêchent la formation de cristaux de glace réguliers, à l'instar des additifs que nous rajoutons dans les liquides lave-glaces de nos voitures en hiver.

On a ainsi trouvé des bactéries qui continuaient de vivre dans le pergélisol et dans la glace de mer jusqu'à - 20 °C. Les cellules peuvent également survivre à des températures beaucoup plus basses encore, quand l'eau se vitrifie en refroidissant et devient solide, sous une forme non cristallisée qui occupe moins de volume que la glace. Ce phénomène permet de ne pas rompre les structures cellulaires. Une fois que les cellules ont été vitrifiées, leur métabolisme cesse, et le cycle cellulaire s'interrompt, jusqu'à ce qu'elles soient ramenées à des températures où l'eau redevient liquide.

De telles limites basses de températures montrent qu'une planète trop froide pour que l'eau puisse y être liquide pourrait difficilement abriter de la vie. En revanche, s'il existe un lac isolé de l'extérieur par une épaisse couche de glace, liquide parce qu'il est chauffé par une énergie géothermique, par exemple, on peut tout à fait imaginer que la vie ait pu s'y développer, comme dans le lac Vostok en Antarctique, enfoui sous 4 km d'épaisseur de glace.

Le lichen *Xanthoria elegans* peut effectuer
la photosynthèse jusqu'à - 24 °C.

LES LACS SALÉS

Autrefois, on utilisait le sel pour la conservation des aliments : morue salée, beurre salé, charcuterie, fromages, etc. Aujourd'hui, le réfrigérateur a remplacé la salaison.

Mais avant son apparition, de fortes quantités de sel permettaient d'empêcher le développement des bactéries sur nos aliments. Le sel, en accaparant les molécules d'eau pour se solubiliser, dessèche complètement les bactéries qui s'y trouvent. Pourtant, certains micro-organismes parviennent à se développer dans des milieux hypersalés, dans des lacs ou des mers saturées en sel. Au maximum de solubilité du sel, c'est-à-dire quand sa concentration dans l'eau ne peut plus augmenter, le sel précipite, il se dépose sous forme solide au fond de l'eau et forme ainsi des concrétions sur le rivage.

C'est le cas de la mal-nommée mer Morte, à la frontière entre Israël et la Jordanie. Quelques micro-algues et bactéries, mais surtout des archées dites halophiles (du grec *halos*, « sel ») y prolifèrent. Certaines de ces bactéries et archées contiennent des pigments de couleur rose-orangé, dont le bêta-carotène. Leur prolifération donne à certains lacs salés une couleur extraordinaire, comme le lac Rose au Sénégal ou le lac Hillier en Australie.

Lac Hillier, Australie-Occidentale

Ce lac à la concentration en sel très élevée doit sa couleur rose à des bactéries et à des micro-algues halophiles.

Concrétions de sel sur les rives
de la mer Morte, en Israël

Seuls des micro-organismes supportant des salinités
extrêmes peuplent la mer Morte.

LA RÉSISTANCE À LA SÉCHERESSE ET AUX RADIATIONS

Une extrême résistance à la sécheresse peut conférer une résistance inattendue aux radiations. C'est le cas de la bactérie *Deinococcus radiodurans*. Comme son nom l'indique (du latin *deino*, « terrible », *coccus*, « coque », la coque terrible, et *radiodurans*, « qui endure les rayonnements »), cette bactérie est capable de résister à des doses de radiation des milliers de fois supérieures à celles qui tueraient la plupart des autres organismes. Cette résistance lui vient initialement d'une faculté à lutter contre des épisodes de sécheresse intense.

Pour cela, outre sa capacité à entrer en dormance sous forme de spores en cas de stress cellulaire, elle possède des mécanismes très élaborés de réparation de l'ADN après sécheresse ou irradiation. Ces mécanismes inspirent d'ailleurs les chercheurs dans la lutte contre le cancer.

Les extrêmophiles ne sont pas toujours unicellulaires, comme les archées, les bactéries ou certains champignons. Le tardigrade est ainsi un cas exceptionnel d'organisme pluricellulaire complexe capable d'endurer des conditions absolument stupéfiantes. Il s'agit d'un petit animal tranquille de quelques millimètres de long, aussi appelé « ourson d'eau », que l'on trouve un peu partout. Malgré son apparence quelconque, le tardigrade est un champion de la résistance aux conditions extrêmes. Il est capable de survivre à des températures supérieures à celle de l'eau bouillante ou aussi basses que celle de l'azote liquide, à - 200 °C. Il tolère une déshydratation allant jusqu'à la dessiccation. Il supporte des pressions très élevées, comme celles qui règnent au fond des océans, mais aussi très basses, similaires au vide spatial.

Parmi ses stratégies de résistance, dont toutes ne sont pas encore comprises. Il entre dans un état de dormance appelé « cryptobiose », dans lequel son métabolisme est quasiment à l'arrêt. Comme la bactérie *D. radiodurans*, il est en outre doté de multiples mécanismes de réparation de l'ADN, qui lui permettent de survivre à des radiations jusqu'à 1 000 fois supérieures à celles que l'être humain peut endurer.

Tardigrade photographié au microscope électronique à balayage

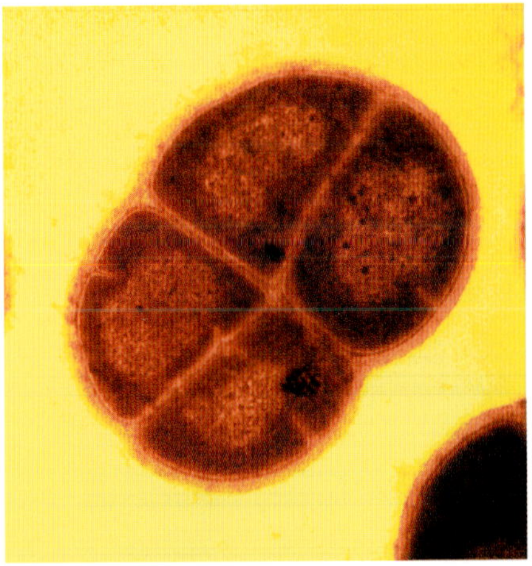

Bactéries *Deinocccus radiodurans* formant une tétrade

Ces bactéries peuvent supporter des conditions de sécheresse et des radiations extrêmes, grâce à des mécanismes de réparation de leur ADN très originaux.

LA VIE PROFONDÉMENT ENFOUIE SOUS LA CROÛTE TERRESTRE : LES ENDOLITHES

Les endolithes (du grec ancien *éndon*, « dedans », et *lithos*, « pierre ») sont des organismes qui se développent à l'intérieur de la roche, parfois jusqu'à plusieurs kilomètres sous la surface. Ils ont été découverts de manière totalement inattendue lors de forages géologiques, pétroliers en particulier. Ces endolithes, souvent des bactéries et des champignons microscopiques, sont capables de résister à de fortes pressions, de grandes sécheresses, des températures élevées et des conditions de faible luminosité.

Ces espèces tirent leur énergie des minéraux présents dans la roche elle-même ou dissous dans l'eau qui s'est infiltrée dans les anfractuosités de cette roche, voire de l'hydrogène produit à partir de l'eau. Ils n'ont pas besoin de se nourrir de restes éventuels d'autres micro-organismes, leurs seuls nutriments étant des molécules minérales et organiques de base.

Il va sans dire que la découverte de ces extrêmophiles nous laisse entrevoir la possibilité d'une vie qui aurait pu se réfugier profondément dans la roche, sous la surface d'une autre planète comme Mars, étant donné que cette planète aurait présenté, à l'époque où la vie est apparue sur Terre, de l'eau liquide à sa surface.

LES MILIEUX ACIDES

Les acidophiles ont la faculté de proliférer dans des milieux très acides, où le pH peut être très bas, inférieur à 1, alors que le pH d'une cellule vivante est neutre, autour de 7. On rencontre de tels milieux dans notre estomac, dont l'extrême acidité a notamment pour rôle de détruire les agents étrangers comme les microbes et de participer à la digestion des aliments en contribuant à les dégrader. La bactérie acidophile *Helicobacter pylori*, responsable de la plupart des ulcères gastriques et de nombreux cancers de l'estomac, s'y est fait une place de choix.

De nombreux lacs volcaniques sont également très acides. Une fois de plus, ce sont les archées qui supportent les conditions les plus extrêmes. En outre, les sources chaudes que l'on trouve près des zones volcaniques sont non seulement très chaudes, mais également très acides, souvent riches en acide sulfurique. Des marmites de boue se forment aussi dans les champs de solfatares, qui dégagent des composés soufrés et que l'on retrouve près des zones volcaniques. Les organismes qui y prolifèrent doivent affronter à la fois des températures très élevées et des conditions très acides. On les appelle des thermo-acidophiles.

Marmite de boue bouillonnante d'un solfatare en Islande

DALLOL, UN SITE POLYEXTRÊME

Mais la région la plus stupéfiante reste le site volcanique de Dallol. Ces sources chaudes, situées dans le nord de l'Éthiopie, conjuguent plusieurs conditions extrêmes : températures très élevées, acidité extrême (pH négatifs dus à la forte température et à la concentration très élevée en acide sulfurique), très forte concentration en sel. Certaines mares sont aussi très chargées en fer. On qualifie cet écosystème de polyextrême.

Les couleurs extraordinaires de ce site ne sont pas dues aux micro-organismes qui y prolifèrent, contrairement aux sources chaudes classiques comme Prismatic Spring au parc de Yellowstone (voir chapitre 2). Cette impressionnante palette de couleurs résulte ici de la précipitation de minéraux sulfurés, de composés riches en fer qui se sont oxydés, de concrétions de sels et d'autres minéraux.

Jusqu'à aujourd'hui, aucune des analyses effectuées n'a réussi à détecter des traces du moindre organisme vivant dans les mares hypersalées, hyperacides et ultrachaudes de Dallol. Ce site est l'un des rares endroits sur Terre comportant des zones stériles, ce qui nous montre quelles sont les limites que la vie peut endurer. Elle ne peut donc pas se développer partout, et la présence d'eau quelque part n'implique pas nécessairement qu'il y ait de la vie.

Sources chaudes de Dallol, en Éthiopie

LA VIE AILLEURS ?

A-T-ON DÉJÀ OBSERVÉ DE LA VIE AILLEURS QUE SUR TERRE ?

En dehors de tous les mythes, espoirs et suppositions que nous avons décrits plus haut, et compte tenu de la robustesse dont la vie sait faire preuve, mais aussi de ses limites, a-t-on déjà trouvé, concrètement, de la vie ailleurs que sur Terre ? La réponse est oui, mais il s'agit toujours jusqu'à présent d'incursions temporaires dans l'espace depuis la Terre.

Le premier être vivant à avoir atteint l'espace est la chienne Laïka, en 1953, mais elle n'y survécut pas. L'homme est ensuite allé plusieurs fois dans l'espace et s'est même posé sur un autre sol : celui de la Lune. Mais à quel prix ?

À chaque fois, il a fallu reconstituer les conditions dont nous avons impérativement besoin pour vivre, dans l'enveloppe qui nous a isolés et protégés : un vaisseau ou une combinaison pressurisée pour éviter que nos liquides corporels ne s'évaporent dans le vide spatial, une atmosphère oxygénée, une température de l'ordre de 20 °C, un bouclier contre les rayonnements cosmiques dès que l'on sort de la magnétosphère terrestre, etc. Une incursion humaine dans l'espace n'est possible que dans ces conditions-là. Car l'espace est un environnement particulièrement hostile : absence d'atmosphère, exposition directe aux rayonnements ultraviolets, terriblement destructeurs pour l'ADN, voire aux rayonnements cosmiques, encore plus puissants et délétères.

Comment, dans ce cas, donner du crédit à la théorie de la panspermie, selon laquelle la vie proviendrait d'ailleurs dans l'Univers avant d'avoir ensemencé la Terre ?

Pour tester cette hypothèse, des expériences ont été réalisées, avec pour objectif de savoir dans quelle mesure des organismes vivants pourraient supporter les conditions de l'espace.

Soumises à des conditions défavorables, les bactéries peuvent entrer en dormance et se transformer en spore. À l'état de spores, elles sont alors particulièrement résistantes à toutes sortes d'agressions extérieures.

Des spores de bactéries ont été placées dans l'espace, soit directement et sans protection, soit dans des mélanges d'argiles et de sable rouge semblables au sol martien, dans le but de les protéger des rayons ultraviolets du Soleil qui sinon détruisent facilement l'ADN. Au bout de deux semaines, toutes les bactéries sans protection étaient mortes, tandis que le taux de survie de celles qui bénéficiaient d'un filtre protecteur était beaucoup plus élevé. Des spores de diverses bactéries ont aussi survécu à une entrée à très grande vitesse dans l'atmosphère, sur une météorite artificielle ou collées sur une capsule spatiale.

Plus récemment, la bactérie extrêmophile *Deinococcus radiodurans*, capable de résister à des radiations extrêmes, a été soumise pendant trois ans au vide spatial à l'extérieur de la Station spatiale internationale. De retour sur Terre après leur longue incursion dans l'espace, seules les bactéries situées en surface de la colonie bactérienne, directement exposées au rayonnement ultraviolet du Soleil, étaient mortes en voyage. D'autres expériences similaires ont permis d'extrapoler une durée de survie possible des bactéries dans l'espace à près de 45 ans. Cela peut paraître long, mais reste relativement court comparé à la durée d'un possible voyage spatial, compte tenu des distances à parcourir.

D'autres expérimentations ont été menées avec des organismes pluricellulaires, comme les tardigrades précédemment évoqués. Ces petits animaux microscopiques ont été placés dans l'espace pendant 10 jours à l'extérieur de la mission russe FOTON-M3. Malgré le vide interstellaire et les rayonnements ultraviolets directs du soleil, ils ont montré une capacité de survie exceptionnelle une fois rentrés sur Terre, grâce notamment à leurs mécanismes moléculaires de réparation des dommages de l'ADN et à leur capacité à entrer en dormance (cryptobiose) quand ils sont soumis à des pressions très basses et à une déshydratation intense.

Tous ces résultats rendent plausible l'hypothèse de la lithopanspermie, c'est-à-dire du transfert d'organismes vivants d'un endroit à l'autre de l'espace, sur des corps rocheux tels que des astéroïdes, qui peuvent offrir des abris temporaires dans leurs anfractuosités et qui auraient été éjectés lors d'un impact.

Reste toutefois la question de la durée d'exposition aux conditions de vide spatial et aux irradiations, durée particulièrement longue lors d'un voyage d'une planète à une autre, voire d'un système solaire à un autre.

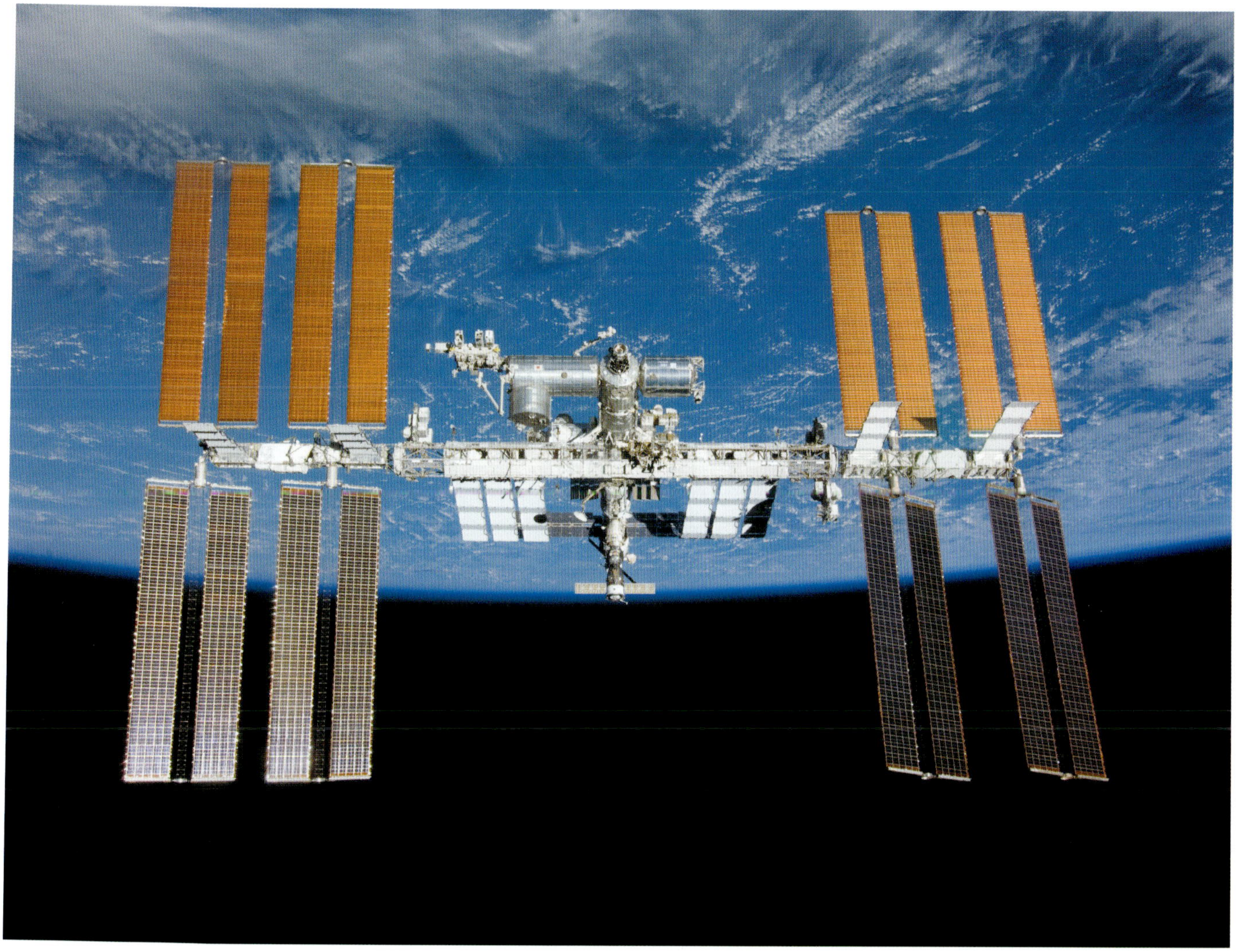

La Station spatiale internationale (ISS)

Installation de l'expérience BIOPAN contenant des tardigrades à l'extérieur de la capsule de rentrée FOTON-M3, dans le bâtiment d'intégration du cosmodrome de Baïkonour, au Kazakhstan.

Tardigrade en état de cryptobiose

Dans cet état de dormance, les tardigrades se déshydratent presque totalement et remplacent l'eau par un sucre antigel, le tréhalose. Ils se rétractent, et leur carapace se recouvre d'une cire protectrice. Leur métabolisme est quasiment à l'arrêt, et ils peuvent rester ainsi plusieurs années jusqu'à ce que les conditions redeviennent favorables. En état de cryptobiose, les tardigrades peuvent survivre à des conditions extrêmes inimaginables comme le vide spatial, des températures de -200 °C et des doses de radiations plus de 1 000 fois supérieures à celles qui sont mortelles pour l'homme.

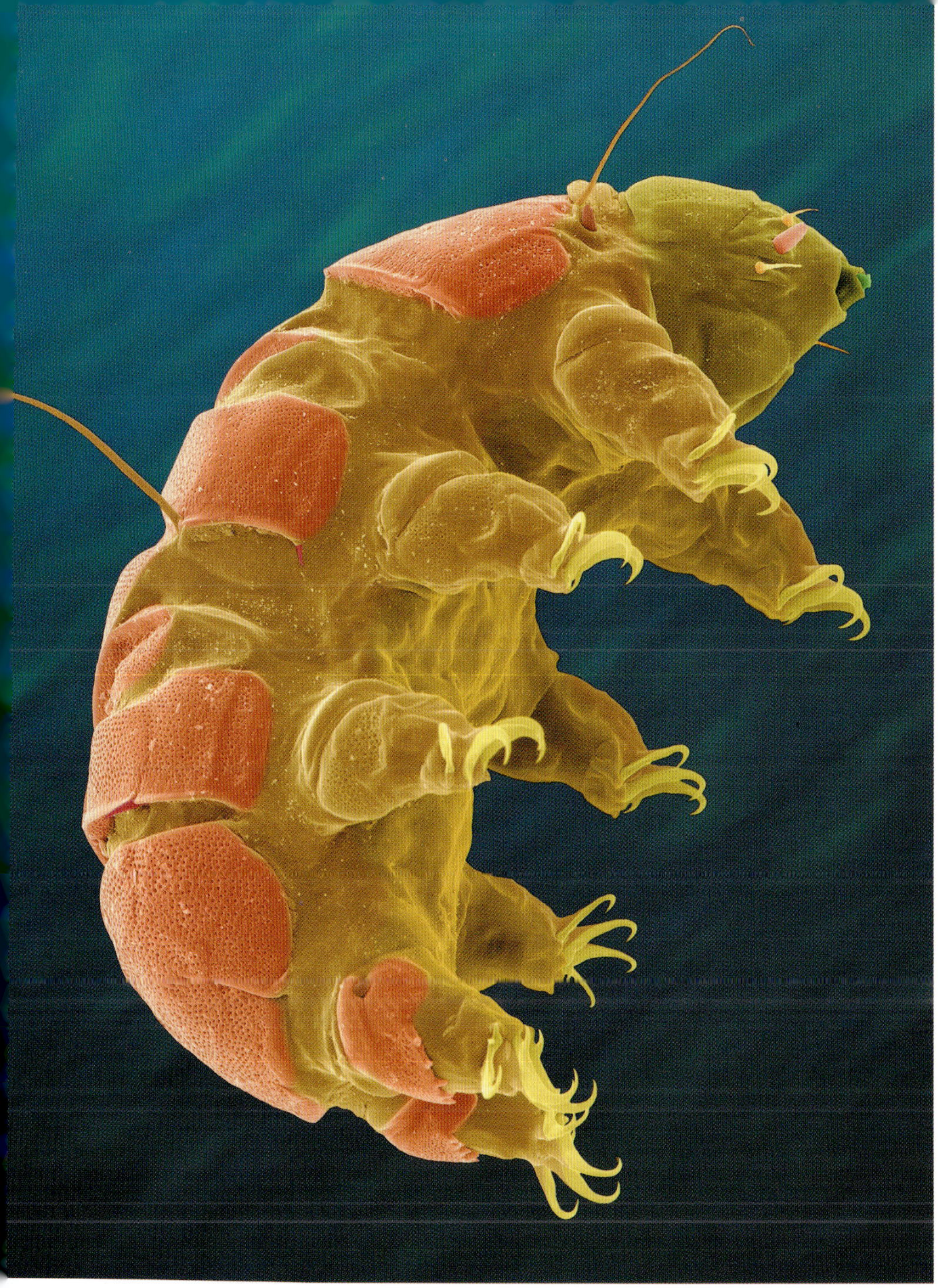

Tardigrade à l'état normal, observé au microscope électronique à balayage

Vue d'artiste de tardigrade

A-T-ON DES INDICES DE VIE PROVENANT D'AILLEURS ?

En 1984, une météorite de 2 kg était trouvée dans la région de Allan Hills, en Antarctique, d'où le nom qui lui a été donné : ALH 84001. Une analyse précise a montré qu'elle provenait de Mars et qu'elle était vieille de 4,1 milliards d'années, ce qui en fait la plus vieille météorite martienne trouvée sur Terre. Elle aurait été éjectée de la surface de Mars à la suite d'une collision avec une météorite il y a 15 millions d'années, et serait ensuite tombée sur Terre il y a 13 000 ans.

En 1996, des chercheurs de la Nasa annonçaient avoir observé à sa surface des microfossiles de bactéries qui proviendraient donc de Mars. Pendant de nombreuses années, cette affirmation a fait l'objet de violentes polémiques entre les partisans de l'origine martienne de ces microfossiles et ceux qui soutenaient que ces structures pouvaient avoir une origine minérale. Des molécules organiques, typiques de biosignatures, ont également été trouvées à sa surface.

Aujourd'hui, de nombreuses expériences et analyses en laboratoire ont montré sans ambiguïté que se sont formées facilement, sur cette météorite, des structures minérales ressemblant parfaitement à des nanobactéries, mais faites uniquement de minéraux, inertes et sans vie. De même, il a été montré que les molécules organiques détectées provenaient d'une contamination terrestre. Ce que d'aucuns avaient pris pour une preuve de trace de vie extraterrestre n'était finalement que des formations minérales.

D'autres météorites ont également été analysées avec, de la même manière, des espoirs déçus quant à l'origine non terrestre des bactéries qui y auraient été trouvées. L'exemple le plus emblématique est celui de la météorite Tataouine, tombée dans le désert au sud de la Tunisie en 1931. Elle provient probablement de l'astéroïde Vesta, dont l'orbite est située entre Mars et Jupiter.

Les mêmes formations minérales que sur ALH 84001 y ont été observées, mais surtout, on y a découvert une nouvelle espèce de bactérie aux dimensions toutes petites, inconnue jusqu'alors, que l'on a baptisé *Ramlibacter tataouinensis*. Cette même microbactérie a ensuite été également retrouvée dans le sable du désert alentour, révélant l'origine de la contamination de la météorite. Il a été montré que cette bactérie possède plusieurs mécanismes d'adaptation moléculaire à la sécheresse, dont certains provoquent des changements de morphologie responsables de sa petite taille.

Là encore, ces découvertes ont fait de nombreux déçus parmi ceux qui espéraient trouver des formes de vie provenant d'ailleurs que sur Terre.

Morceau de la météorite martienne ALH 84001

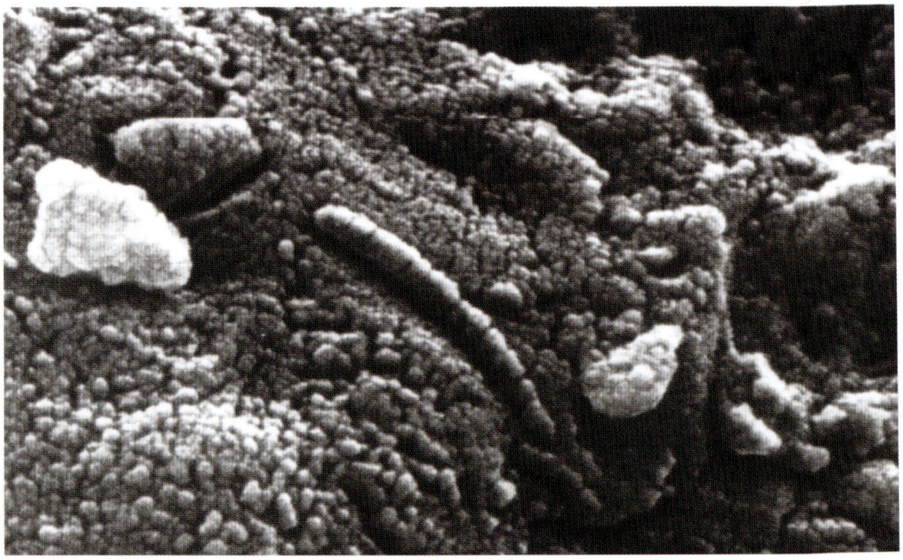

Surface de la météorite ALH 84001 photographiée au microscope électronique à balayage

Des structures allongées d'une centaine de nanomètres de long, rappelant certaines bactéries terrestres, ont été interprétées à tort comme étant des microfossiles de bactéries martiennes.

LES OVNI SONT-ILS LA MANIFESTATION D'EXTRATERRESTRES ?

Le terme « Ovni » (objet volant non identifié) désigne toute chose observée dans le ciel sous la forme d'un phénomène naturel ou artificiel pour lequel on n'a pas d'explication. L'approche scientifique de ce type d'observation est très difficile, car il s'agit généralement de choses non reproductibles, et souvent basées sur une simple observation visuelle et fugitive.

La multiplication des smartphones, qui permettent de capturer rapidement des images et des vidéos, apporte maintenant des éléments concrets pour documenter ce type d'observation. Mais cela ne résout pas tout et surtout n'évite pas les canulars ou les montages. Les agences spatiales comme le Cnes et la Nasa s'intéressent néanmoins sérieusement au sujet et ont créé des services d'enquête spécifiques.

Le CNES et le GEIPAN

Le CNES (Centre national d'études spatiales) a créé, en 1977, un service, le GEPAN (Groupe d'études des phénomènes aérospatiaux non identifiés), chargé d'enquêter sur ces phénomènes, en lien des partenaires institutionnels tels que l'armée de l'air et la Gendarmerie nationale. En 2005, il est devenu le Geipan car on a ajouté un « i » pour informations, afin d'insister sur la fonction informative donnée à ce service.

Près de 300 signalements sont enregistrés chaque année par le Geipan. Et si on a pu expliquer la plupart des 1 600 dossiers ouverts à ce jour, une cinquantaine d'entre eux n'a toujours pas trouvé d'explication simple.

La Nasa et les UAP

La Nasa a elle aussi créé en juin 2022 un service spécialisé, en l'occurrence une équipe de 16 experts indépendants, chargés d'étudier les données liées aux UAP (*Unidentified Anomalous Phenomena*). Cette appellation de « phénomènes anormaux non identifiés » désigne tous les objets ou incidents dans le ciel, sous l'eau ou dans l'espace qui ne peuvent pas être immédiatement expliqués. Cela va donc plus loin que la simple observation des UFO (*Unidentified Flying Objects*), l'équivalent de nos ovnis. Le groupe, doté d'un financement de 100 000 US$, comprend l'ancien astronaute Scott Kelly et 15 autres chercheurs issus d'une grande diversité de domaines : astronomie, océanographie, et même journalisme.

La Nasa a souligné que, compte tenu de l'intérêt porté par le public à ce sujet, il est de sa responsabilité de mener un examen scientifique rigoureux. Ses responsables ont conclu que, même si la plupart des rapports d'UAP examinés par les experts sont faciles à expliquer, certains restent toujours non résolus, principalement en raison d'un manque de données associées à ces cas.

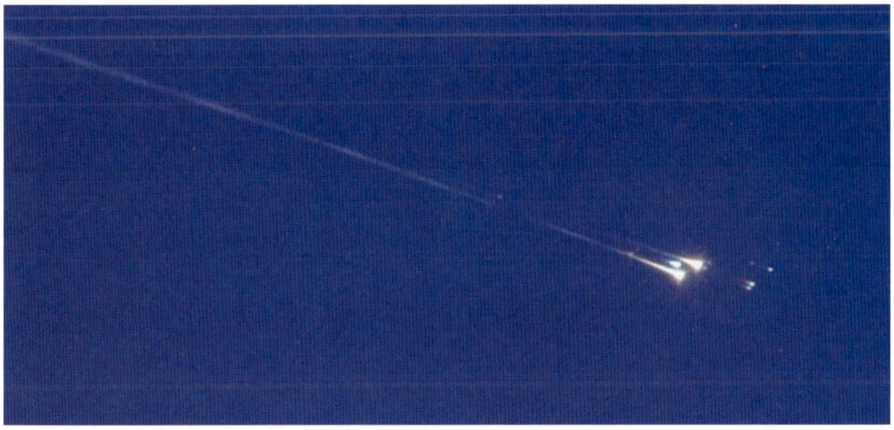

La rentrée atmosphérique de débris spatiaux est toujours spectaculaire et donne lieu à de nombreux signalements de la part de ceux qui en sont les témoins. On voit ici les restes d'une sonde spatiale qui s'est désintégrée dans l'atmosphère le 13 novembre 2015, au large du Sri Lanka.

LES PHÉNOMÈNES INEXPLIQUÉS

Si certaines observations ne peuvent s'expliquer par aucun phénomène naturel connu, il faut souligner le fait que certains de ces phénomènes sont rares et difficilement observables. C'est le cas par exemple des farfadets ou sylphes rouges, également connus sous le nom anglais de *sprites*. Il s'agit de phénomènes lumineux transitoires, qui durent de quelques millisecondes à une seconde, observables sporadiquement au-dessus des orages sous forme d'éclairs lumineux de couleur rouge, entre 50 et 100 km d'altitude.

Leur brièveté explique pourquoi ce n'est qu'en 1989 que l'on a enfin pu en photographier un avec certitude. Le progrès des appareils de prise de vue, notamment en vidéo à haute définition, permet maintenant d'en photographier régulièrement. Il s'agit de décharges électriques dont l'origine précise reste toutefois difficile à expliquer et fait encore l'objet de travaux de recherche. Pour expliquer les observations qui ne semblent pas correspondre à des causes naturelles, on peut bien sûr penser à des essais d'engins militaires couverts par le secret-défense.

L'hypothèse extraterrestre est également soulevée, mais elle est bien difficile à défendre. En effet, on a du mal à admettre que des êtres venus de si loin se contentent de brèves apparitions, sans chercher à établir de contact. Les lois de la physique sont les mêmes partout et pour tous. Les extraterrestres éventuels seraient donc eux aussi concernés par les problèmes de distance et de limitation de vitesse. On pourra objecter que l'écoulement du temps n'est pas le même pour eux. Cependant, l'argument est de peu de poids devant le simple fait que, depuis presque un siècle que l'on s'intéresse aux ovnis, aucun témoignage sérieux n'a permis d'identifier le moindre être, message ou engin extraterrestre.

Farfadet (ou sylphe rouge) observé au-dessus d'un orage par le Laboratoire d'aérologie (LAERO)

L'existence même de ce phénomène naturel fugitif a été contestée jusqu'à ce que l'on puisse enfin le photographier.

QUELLE VIE AILLEURS ?

À quoi pourraient donc ressembler d'autres êtres vivants ailleurs dans l'Univers ? En appliquant la méthode scientifique, on peut s'appuyer sur les observations et les études réalisées ces dernières décennies en exobiologie. Ces travaux nous ont permis de mieux saisir le caractère unique ou universel des processus à l'œuvre dans l'émergence de la vie. Ils nous donnent un cadre de réflexion sur les possibilités de vie ailleurs dans l'Univers.

Tout d'abord, on trouve des molécules carbonées un peu partout dans l'Univers ; ce n'est pas l'apanage de la Terre. Compte tenu de l'abondance du carbone dans l'Univers et de ses propriétés absolument uniques permettant de former une combinaison très diversifiée de macromolécules complexes et ramifiées, il est évident que les briques moléculaires d'un objet qui a atteint la complexité du vivant, avec un métabolisme et une capacité à se reproduire, s'appuieront sur la chimie du carbone.

En allant un peu plus loin dans la complexité moléculaire, on a également découvert dans des météorites, des astéroïdes, et même dans des nuages interstellaires, la présence de nombreuses briques élémentaires du vivant, comme par exemple les acides aminés, constituants de nos protéines. On l'a vu aussi avec l'expérience de Miller : il est finalement relativement facile de fabriquer des acides aminés ou d'autres molécules prébiotiques.

Dès lors, et paradoxalement, il n'est pas utile de faire appel à la théorie de la panspermie pour imaginer comment la vie a pu apparaître sur Terre : la formation d'acides aminés, pour ne citer qu'eux, semble être un phénomène banal, qui s'est produit aussi bien ailleurs dans l'Univers que probablement sur Terre.

En outre, on a détecté de la montmorillonite sur Mars, une argile capable de catalyser la polymérisation d'acides aminés en protéines. Il n'est donc pas inconcevable que des protéines, avec peut-être d'autres briques élémentaires que les nôtres, aient pu se former un jour sur Mars, mais aussi ailleurs, dès lors que les conditions y aient été favorables.

Enfin, l'autre chiralité peut aussi avoir été sélectionnée. Avant même d'imaginer des petits Martiens pourvus de jambes, de bras et d'une tête, on voit que, dès le départ, la chimie prébiotique qui aurait permis de construire ces êtres vivants pourrait être différente de la nôtre, tout en ayant des bases communes basées sur les lois de la chimie.

Il en est de même pour la molécule de l'hérédité, l'ADN. Aujourd'hui, nous avons sur Terre l'ADN et l'ARN, l'ARN ayant probablement précédé l'ADN au cours de l'évolution. Mais on soupçonne qu'avant même l'ARN existait une autre molécule un peu plus simple, l'ATN (acide thréonucléique). Dans l'ATN, le sucre de base de l'ADN et de l'ARN, le ribose, est remplacé par du thréose, un sucre à 4 carbones au lieu de 5. En outre, on trouve parfois dans l'ARN et dans l'ADN d'autres nucléotides que les traditionnels ATGC et AUGC, même si c'est de manière très minoritaire. Certains, présents dans tous les règnes du vivant, pourraient être des reliques d'un ancien monde.

Pour explorer toute la diversité potentielle du vivant, les chercheurs en biologie synthétique essaient de fabriquer d'autres macromolécules susceptibles de porter et de transmettre une information génétique. Ce sont les acides xénonucléiques (du grec *xenos*, « étranger »), dans lesquels on a substitué au ribose du glycérol ou un peptide (courte séquence d'acides aminés), où les classiques lettres ATGC ou AUGC de nos ADN et ARN seraient différentes. Il pourrait aussi y avoir davantage que ces 4 lettres, pourquoi pas 6 ou 8.

Aujourd'hui, il ne reste que les systèmes biologiques (molécules, macromolécules, métabolismes, organismes vivants...) qui ont rencontré le plus de succès évolutif sur Terre au cours de son histoire. Mais dans un monde où les conditions environnementales initiales auraient été différentes du nôtre, les molécules auraient pu s'assembler et s'organiser différemment, et auraient formé d'autres briques du vivant, adaptées à cet autre monde et à son histoire propre.

Toutes ces hypothèses ne sont que des conjectures et ne pourront jamais être vérifiées, à moins de trouver effectivement de vrais organismes vivants extraterrestres qu'il faudrait ramener sur Terre pour les étudier et les analyser.

LA SONDE GALILEO A DÉTECTÉ LA VIE SUR TERRE !

Lors de son survol de la Terre en décembre 1990, alors qu'elle était en route vers Jupiter, la sonde spatiale Galileo a détecté, dans l'atmosphère terrestre, de l'oxygène gazeux en abondance, ainsi que du méthane, mais aussi, à la surface de notre planète, une forte absorption dans la partie rouge du spectre visible, caractéristique d'un pigment photosynthétique. Tous ces éléments réunis suggèrent fortement la présence de vie sur Terre.

De plus, la détection de transmissions radio à bande étroite, pulsées et modulées en amplitude, semble uniquement attribuable à l'intelligence. Ces observations ont constitué une expérience de test intéressante pour la recherche de vie extraterrestre par les engins spatiaux interplanétaires.

Vue d'artiste de la sonde Galileo

Lancée en 1989 par une navette spatiale, la sonde spatiale Galileo est repassée près de la Terre en 1990 avant de s'élancer vers Jupiter.

NASA
Galileo
USA
Ken Hodges

DES EXTRATERRESTRES UNICELLULAIRES OU MULTICELLULAIRES ?

L'image d'Épinal de l'extraterrestre est toujours un organisme multicellulaire. Pourtant, les scientifiques ont l'imagination beaucoup plus humble. Ils espèrent, plus modestement, trouver ne serait-ce que des organismes unicellulaires, comme les bactéries.

Les organismes multicellulaires sont plus fragiles. Ils ont subi plusieurs extinctions au cours de leur histoire. La plus connue concerne les plus gros d'entre eux, les dinosaures, sans oublier la faune de Franceville, découverte en 2010, qui remonte à 2 milliards d'années avant notre ère et qui est restée, semble-t-il, sans descendance. En outre, pendant une large partie de son histoire sur Terre, la vie est restée unicellulaire. La multicellularité est apparue plusieurs fois au cours de l'évolution, y compris chez certaines bactéries de manière basique. Ce n'est donc pas un phénomène exceptionnel.

En revanche, il a fallu la présence en quantité non négligeable d'oxygène dans l'atmosphère pour aboutir aux organismes multicellulaires complexes formés par des eucaryotes, qui ont conduit aux plantes et aux animaux actuels. C'est la photosynthèse oxygénique et la chlorophylle qui ont permis cette production d'oxygène. Faut-il en conclure qu'il faille rechercher la présence d'oxygène (O_2) dans l'atmosphère d'une exoplanète, ou la présence de chlorophylle à sa surface, pour espérer trouver des organismes multicellulaires ? En l'absence d'exemple autre que la Terre, il est impossible de répondre à cette question.

Toujours est-il que l'oxygène fait partie, avec l'eau, des molécules qui génèrent tous les enthousiasmes dès lors que l'on en détecte sur une exoplanète. Or, ce n'est pas la vie d'un point de vue général qui a besoin d'oxygène – on a vu qu'elle a émergé et s'est développée pendant 2 milliards d'années sans oxygène –, mais ce sont les formes de vie complexes et élaborées qui ont besoin de ce carburant.

LA VIE ÉVOLUE-T-ELLE FORCÉMENT VERS LA CONSCIENCE ?

L'une des inventions les plus extraordinaires, apparue exclusivement chez les animaux, est celle du cerveau. C'est d'ailleurs probablement le cerveau qui explique le succès évolutif des vertébrés. Il leur confère une très grande faculté d'adaptation à la variabilité de l'environnement, en leur donnant des capacités sensorielles leur permettant de « sentir » leur environnement, de coordonner les mouvements, de réfléchir et d'anticiper. Plus tard, au cours de l'évolution, la complexification du cerveau chez l'espèce humaine lui a permis de communiquer des messages sophistiqués grâce au langage et à l'écriture. Dès lors, est devenu possible la transmission, d'un individu ou d'une génération à l'autre, d'informations en quantités massives, en plus de celles portées par les gènes.

Une étude récente a montré que chez les éponges, l'un des rares animaux multicellulaires à ne pas posséder de neurones (les cellules à l'origine du message nerveux), des cellules digestives communiquent entre elles de la même façon que des neurones. Le fait que ces animaux soient les plus anciens sur l'arbre du vivant actuel suggère que les neurones primitifs pourraient provenir de la différentiation de cellules digestives ayant une activité électrique. L'apparition de cette propriété a ouvert la voie à une communication entre cellules par signal électrique, donc très rapide.

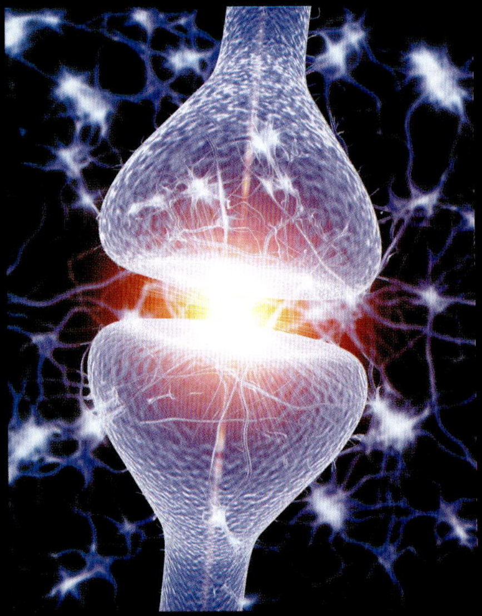

À l'origine, les premiers animaux à posséder des neurones sont des cnidaires, c'est-à-dire des méduses et des anémones de mer, il y a plus de 560 millions d'années. Les neurones des méduses sont dispersés, et forment un système nerveux simple dit diffus et non central. En se regroupant vers l'avant du corps en un ganglion, au moment où les animaux ont acquis la bilatéralité, ces neurones se sont organisés en réseaux de plus en plus complexes, jusqu'à former un système nerveux central primitif, rudimentaire, qui a ensuite évolué vers le cerveau et la moelle épinière des vertébrés.

Au même moment, certains neurones se sont équipés de protéines sensibles à la lumière, qui ont abouti progressivement aux systèmes sensoriels photosensibles, dont la rétine des yeux. Désormais, la vie voit en détail le monde dans lequel elle évolue !

Mais plus que tout, l'organisation de ces neurones pour former le cerveau a conduit à l'apparition des premières formes de vie consciente, ouvrant la voie à l'émergence de la complexité cognitive que nous connaissons chez les animaux.

Synapse nerveuse

Vue d'artiste du passage de l'influx nerveux dans une synapse, jonction entre deux neurones, avec un réseau de neurones en arrière-plan

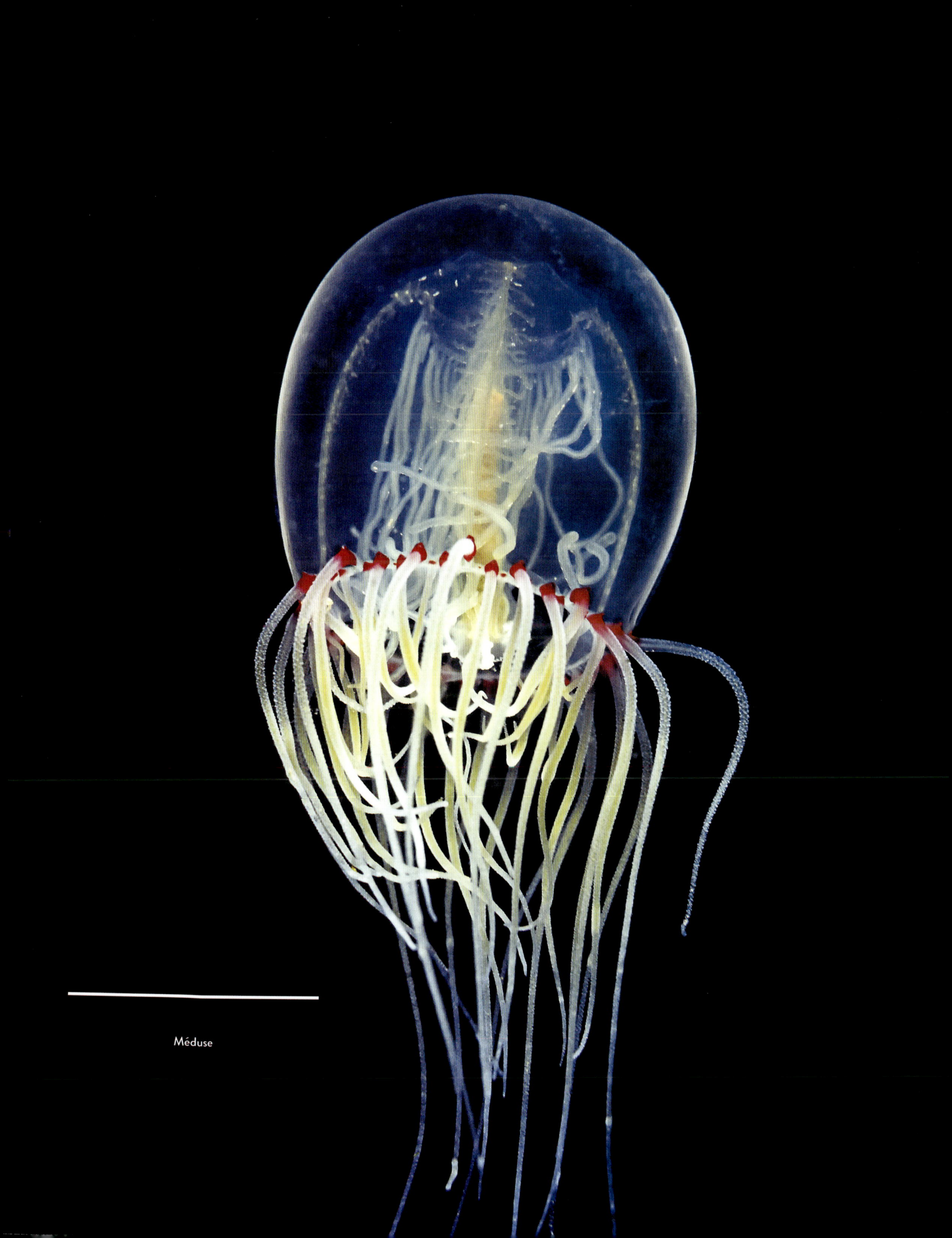

Méduse

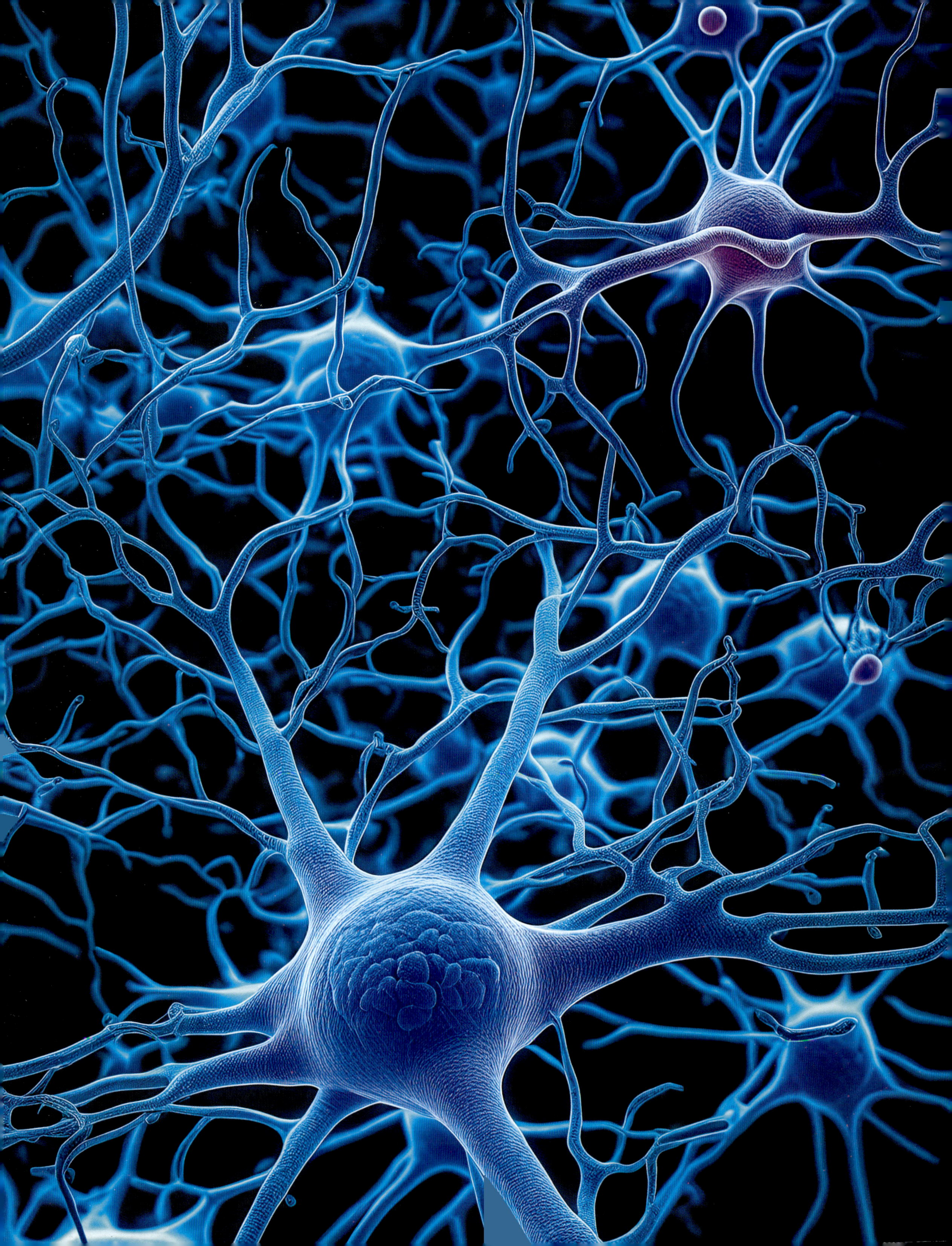

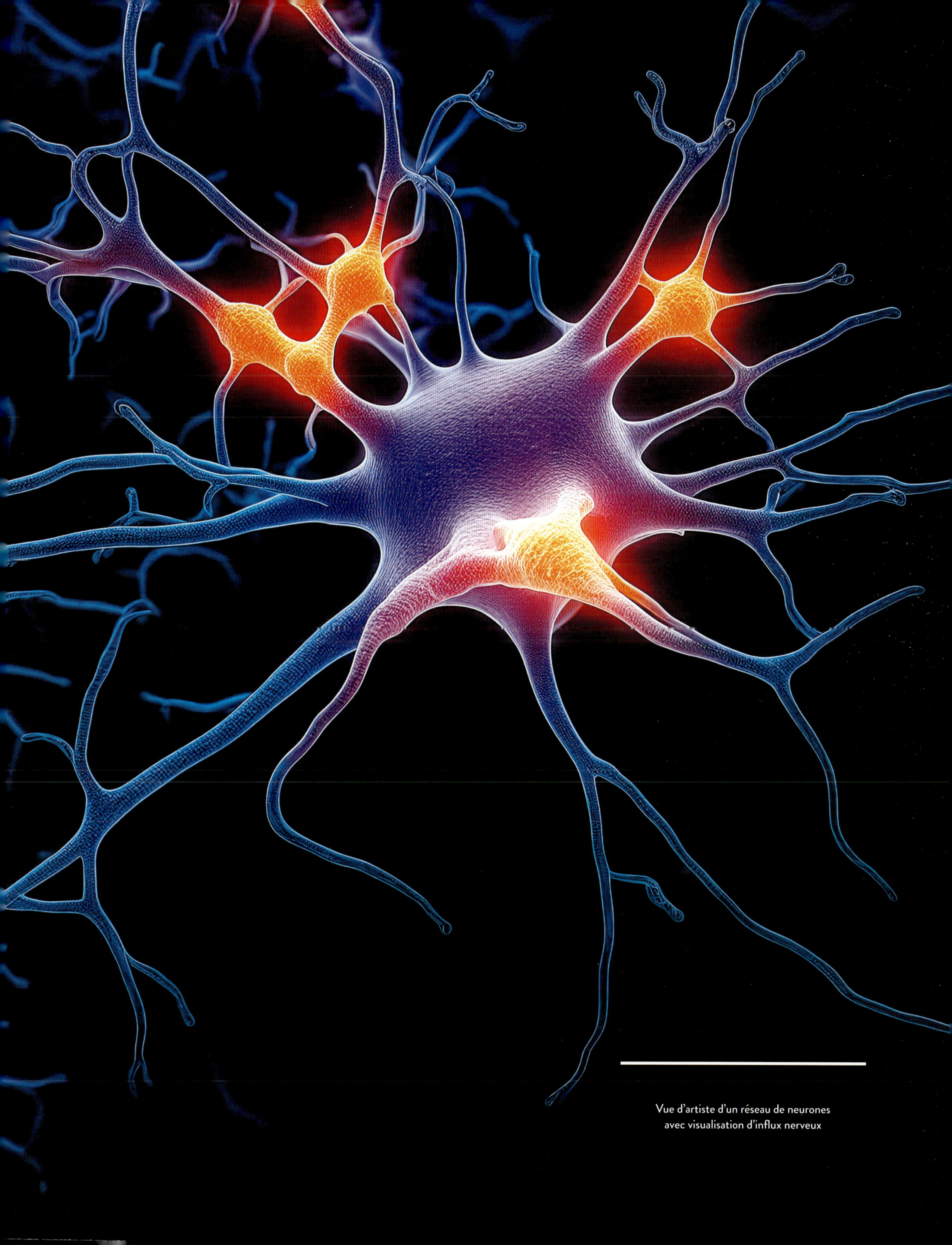

Vue d'artiste d'un réseau de neurones avec visualisation d'influx nerveux

L'évolution de la conscience chez l'homme fut progressive, mais une étape décisive a été franchie avec l'apparition du langage articulé il y a 2 millions d'années et la fabrication des premiers outils, témoins de l'émergence d'une pensée conceptuelle. Pour la première fois, un objet était façonné en fonction d'un projet réfléchi.

Puis, ce furent les balbutiements d'une pensée symbolique, que l'on observe dans les premiers rites funéraires et les offrandes funéraires, et, il y a 100 000 ans, l'émergence d'une pensée religieuse, associée à des symboles de la vie et de la mort. Apparaissent les premières réflexions et interrogations philosophiques sur la compréhension de notre monde, notre place dans ce monde, l'unicité de notre existence.

Enfin, il y a environ 40 000 ans, avec le développement du lobe frontal, siège de la pensée associative, se produisit une explosion de la pensée symbolique et de ce qui en découla : l'art. C'est la période de l'art pariétal et des grottes ornées, des premières statuettes, mais aussi des premiers instruments de musique avec des os perforés.

L'invention de l'écriture il y a environ 3 à 4 000 ans avant notre ère, a signé une autre étape fondamentale. La pensée s'est affinée, la conscience de l'être et la réflexion philosophique a mûri. Le savoir s'est intensifié, diffusé, et de grandes questions ont dès lors agité les neurones d'une seule espèce : *Homo sapiens*. Les philosophes grecs écrivirent des poèmes et commencèrent à s'interroger sur la place de l'Homme dans l'Univers et sur l'existence d'autres vies ailleurs que sur Terre.

S'il a été montré que de nombreux animaux ont développé une conscience de soi, notamment grâce au test du miroir dans lequel ils arrivent à se reconnaître, l'espèce humaine est la seule espèce à avoir développé l'écriture. Elle est aussi la seule à se poser des questions sur sa place dans l'Univers et à avoir conçu des outils pour essayer d'y répondre, jusqu'à pouvoir s'extraire de sa planète native. L'apparition de ce niveau de conscience et d'intelligence est un phénomène qui est donc resté absolument exceptionnel sur notre planète. Contrairement à d'autres phénomènes comme la multicellularité, celui-ci ne s'est produit qu'une seule et unique fois au cours de l'évolution. C'est ce qui en fait aussi le caractère extraordinaire, que l'on imagine comme très peu probable de se reproduire ailleurs dans l'Univers, si tant est qu'une vie y serait déjà apparue.

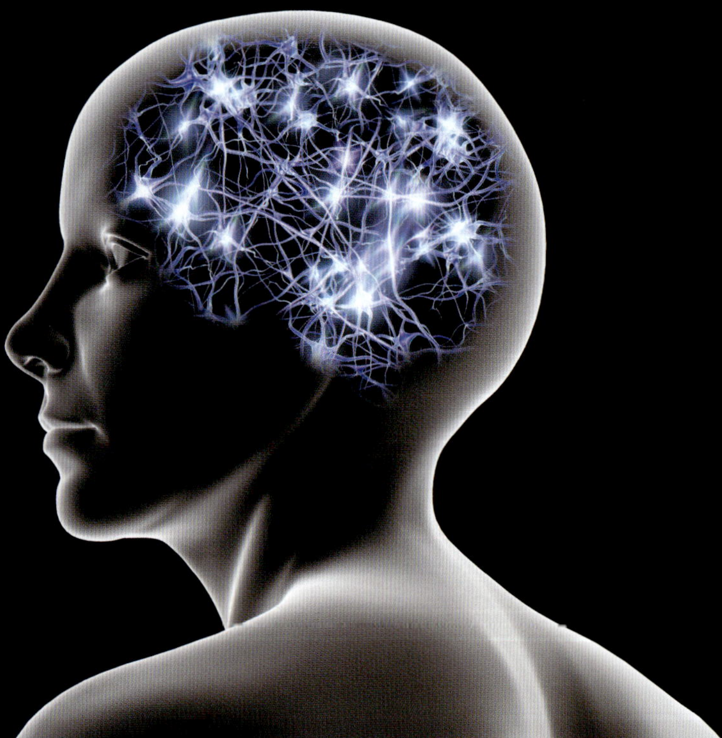

Le Penseur, d'Auguste Rodin

QUELLES CONDITIONS POUR D'AUTRES MONDES FAVORABLES À LA VIE ?

Une première condition serait de trouver une planète en orbite autour d'une étoile qui soit au moins de seconde génération, pour que l'environnement soit riche en atomes dits lourds (carbone, azote, oxygène, etc.). En effet, autour des étoiles de première génération, il n'y a quasiment que de l'hélium et de l'hydrogène, et il ne peut donc pas se former de planète.

De même, il faut que l'étoile ait une durée de vie suffisamment longue pour permettre à la vie d'apparaître et de se développer. Avec seulement quelques millions à quelques dizaines de millions d'années de durée de vie, les géantes bleues ne laissent probablement pas le temps à la vie d'apparaître et encore moins d'atteindre un certain degré de complexité. À peine le temps d'un soupir comparé à la dizaine de milliards d'années d'espérance de vie du Soleil. Ces géantes bleues sont toutefois minoritaires comparées aux autres étoiles.

Ensuite, pour qu'une chimie prébiotique puisse avoir lieu et aboutisse à des constituants relativement complexes, il faut certaines conditions. En premier lieu, il faut un océan ou des nappes d'eau liquide, qui pourront dissoudre les composés de base prébiotiques pour qu'ils puissent se rencontrer, réagir entre eux et former des molécules plus complexes. Derrière son anomalie apparente, l'eau, on l'a vu, est à la fois le solvant le plus puissant qui existe et la deuxième molécule la plus abondante dans l'Univers. La taille et la distance de l'étoile par rapport à la planète induisent une gamme de température à la surface de cette dernière qui doit être compatible avec de l'eau à l'état liquide. C'est ce que l'on appelle la « zone habitable autour d'une étoile », déjà évoquée dans le chapitre précédent : une zone où il ne fait ni trop chaud, ni trop froid, juste la température qu'il faut pour que l'eau soit liquide. Les Anglosaxons ont baptisé cette zone *Goldilocks*, « Boucles d'or », du nom de la petite fille du conte *Boucle d'or et les Trois Ours*, qui choisit le bol qui n'est ni trop chaud ni trop froid. Une planète située dans cette zone est considérée comme plus propice à la vie. L'existence d'une atmosphère et de gaz à effet de serre peut moduler la température en surface, et donc l'étendue de cette zone habitable.

La présence d'une calotte glaciaire isolante, semblable à un gros manteau, peut aussi protéger un océan sous-glaciaire du gel, quand il est chauffé par en dessous sous l'effet de phénomènes de tectonique, de sources hydrothermales ou de cryovolcanisme. Cette épaisse couche de glace procurerait en outre une bonne protection contre les radiations ionisantes de l'étoile centrale. C'est pour cette raison qu'Encelade, Europe, ou Ganymède, bien que très éloignés du Soleil, et largement en dehors de la zone habitable du système solaire, restent des postulants sérieux à l'existence de vie dans l'océan situé sous leur surface glacée. Un espoir alimenté par les découvertes faites récemment dans le lac Vostok, en Antarctique.

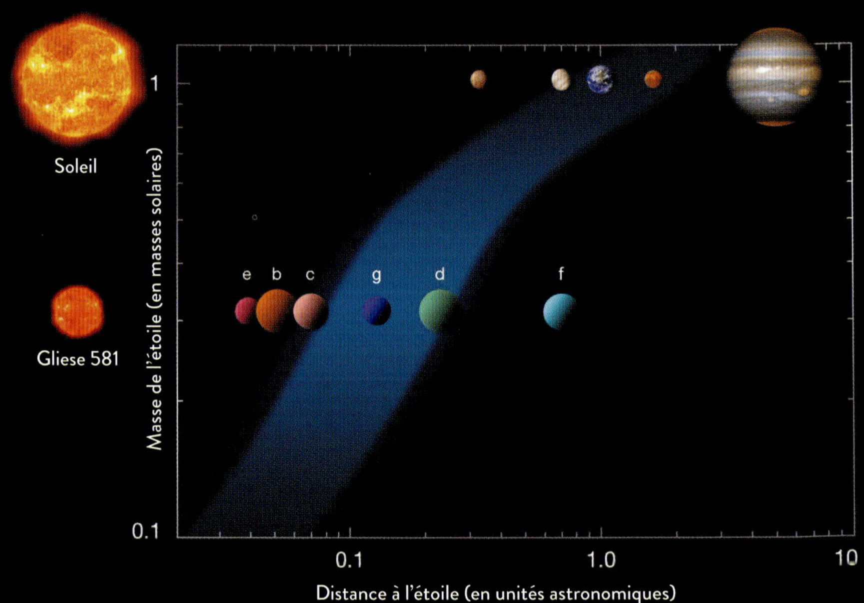

Zone habitable (bande bleue) en fonction de la distance à l'étoile centrale pour le Soleil et pour la naine rouge Gliese 581

La source de carbone de ces organismes vivants peut être le gaz carbonique atmosphérique (O_2), comme dans la photosynthèse, des minéraux carbonatés du sous-sol, ou le méthane (CH_4), expulsé par d'éventuels volcans ou par des sources hydrothermales. On peut imaginer aussi que les hydrocarbures de Titan pourraient servir de source de carbone.

La détection de méthane sur une planète avive toujours l'intérêt des exobiologistes. Le méthane atmosphérique n'est pas stable, il finit toujours par s'oxyder en dioxyde de carbone sous l'effet des rayonnements ultraviolets, ou par s'évaporer de la planète, tellement il est léger et volatile. Il faut donc une source continue qui alimente sa présence. S'il s'agit d'une source hydrothermale, on peut espérer qu'une vie y ait émergée, comme sur Terre. Il peut s'agir d'une source biogénique, c'est-à-dire générée par le vivant, comme typiquement sur Terre les archées méthanogènes, très anciennes dans l'arbre du vivant, qui produisent du méthane à partir du CO_2. Et si ce méthane provient d'une activité volcanique, cela signifie que cette planète a une activité tectonique, et on a vu que cela avait certainement contribué à l'émergence de la vie sur Terre.

Alors que la présence d'oxygène dans l'atmosphère n'est pas indispensable à la vie, elle peut signer en revanche la possibilité d'une vie élaborée, et en particulier d'organismes pluricellulaires. Sur Terre, typiquement, le dioxygène (O_2) est le produit de la photosynthèse. Mais la photosynthèse sur Terre n'a pas toujours généré de l'oxygène. Si l'on veut la détecter, il peut être intéressant de chercher des variations de couleurs à la surface de la planète, liées à l'absorption de la lumière par une molécule biologique. Sur Terre, c'est principalement la chlorophylle qui donne sa couleur verte aux surfaces recouvertes de végétaux. Mais les pigments capables d'absorber l'énergie de la lumière peuvent présenter d'autres couleurs que le vert : le rose, le bleu, le rouge, etc. Cette couleur elle-même est certainement susceptible de dépendre du spectre de l'étoile du système autour de laquelle tourne la planète scrutée, la vie s'étant fatalement adaptée à la lumière qu'elle reçoit de son étoile.

Enfin, pour atteindre toute la complexité qui caractérise la vie, il faut fournir beaucoup d'énergie. Il ne s'agit pas seulement de catalyser les réactions pour les rendre suffisamment rapides, comme le font les métaux ou les enzymes. Il s'agit surtout de rendre possibles des réactions qui, sans cet apport d'énergie, n'auraient pas lieu spontanément et ne se produiraient donc pas.

Car l'essence même de la vie est sa complexité, ce qui se traduit, d'une certaine manière, par son caractère ordonné. Par exemple, quand on jette des miettes par terre, elles vont spontanément joncher le sol de manière désordonnée. La vie, elle, les rassemble, les organise et les structure pour générer une entité complexe, élaborée et dynamique, régie par des règles précises. D'ailleurs, le terme « organisme », introduit par Aristote, vient justement du fait que les êtres vivants sont hautement organisés. Aux origines de la vie sur Terre, cette énergie qui permet à la vie de contrer le désordre spontané est probablement issue de l'énergie chimique de certains fluides hydrothermaux, comme le dihydrogène ou le méthane. La régularité des feuillets d'argile a pu aussi contribuer à favoriser une structuration des molécules prébiotiques. Les cycles d'humidité et de sécheresse sur les roches émergées ou immergées, qui favorisent la concentration et l'ordonnancement des molécules, ont peut-être également joué un rôle. Plus tard, c'est l'énergie de la lumière avec la photosynthèse qui a pris le relais. C'est pour cette raison que le cryovolcanisme observé sur les satellites de Jupiter et de Saturne, Europe et Encelade, ouvre à des spéculations sur une hypothétique vie sous l'épaisse couche de glace qui recouvre leur surface.

Vue d'artiste d'une exoplanète isolée. De masse comparable à celle des planètes de notre système solaire, de telles exoplanètes ne tournent pas autour d'une étoile, mais se déplacent librement dans l'espace, sans doute après avoir été éjectées de leur système stellaire par une collision.

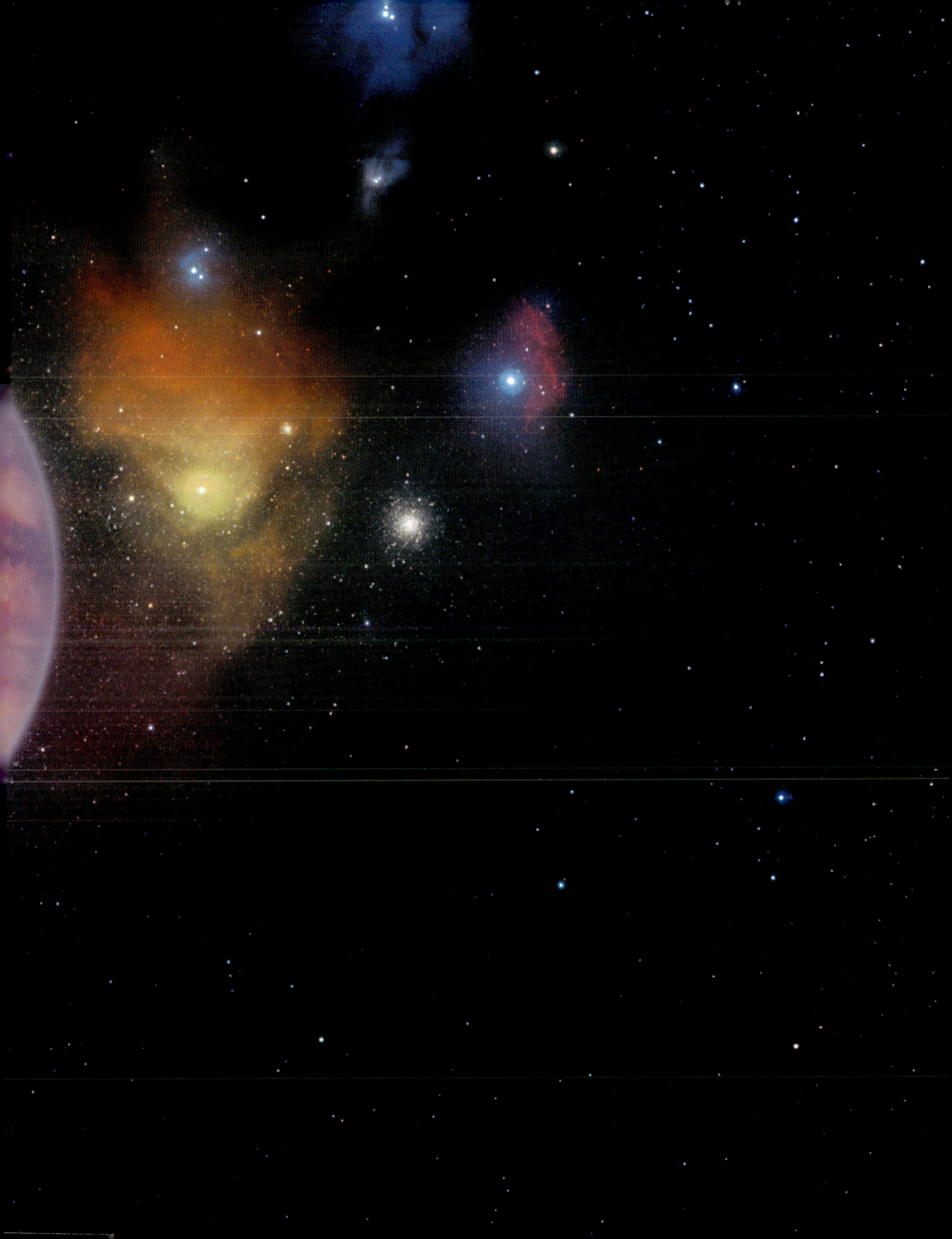

LA VIE EST-ELLE POSSIBLE AILLEURS QUE SUR UNE PLANÈTE ?

Le nuage noir

En 1957, l'astrophysicien britannique Fred Hoyle écrit un roman de science-fiction intitulé *Le Nuage noir*, dans lequel il imagine un immense nuage, composé de gaz et de poussières, ainsi que de cristaux de glace d'eau. L'auteur imagine que des molécules complexes se forment à la surface des poussières glacées. C'est d'ailleurs l'une des pistes que suivent aujourd'hui nombre de laboratoires de recherche pour étudier la formation de molécules organiques dans le milieu interstellaire. Hoyle imagine que ce nuage est vivant et a besoin d'énergie. Il se rapproche du Soleil pour capter l'énergie de notre étoile et vient faire de l'ombre à la Terre, au sens littéral du terme. Le dialogue s'engage alors, par signaux radio, entre les Terriens et le nuage, être pensant et doué d'intelligence.

L'idée est intéressante, car elle nous amène à imaginer un être vivant qui n'a rien à voir avec la vie sur Terre. Mais l'auteur envisage une intelligence comparable à la nôtre, ce qui semble difficile à concevoir à l'échelle d'une structure aussi grande que ce nuage. Il faut en effet une structure complexe, faite de cellules nerveuses interconnectées, et Hoyle ne donne pas de précision à ce sujet. Il parle seulement de parcelles vivantes qui communiquent entre elles par signaux radio. Mais les dimensions de ce nuage sont telles qu'il faudrait plusieurs minutes pour que les cellules nerveuses puissent échanger un quelconque signal électrique par radio d'une extrémité à l'autre de cet être gigantesque. Quant à se mouvoir à volonté comme peut le faire ce nuage, cela relève vraiment de l'imagination sans réel fondement scientifique.

L'ouvrage de Hoyle, référence chez les amateurs de science-fiction, a été réédité en 2014, enrichi d'une très intéressante enquête de l'astrophysicien français James Lequeux, intitulée *Le Nuage noir. Et si c'était possible ?* Nous invitons le lecteur intéressé à s'y référer.

Nuage noir Barnard 68

Ce nuage sombre qui se silhouette sur fond de Voie lactée est bien un objet naturel, en l'occurrence, un nuage moléculaire composé de poussières et de gaz, et non un nuage noir vivant comme celui imaginé par Fred Hoyle dans son roman de science-fiction.

DÉTECTER LES MOLÉCULES DU VIVANT

LA DÉTECTION DE MOLÉCULES ORGANIQUES DANS LE MILIEU INTERSTELLAIRE

Le milieu interstellaire est loin d'être vide. Il contient du gaz et de la poussière qui se trouvent le plus souvent sous forme de nuages très dilués. On parvient néanmoins à les détecter, car ils s'étendent sur des distances de plusieurs dizaines ou centaines d'années-lumière. Les observations dans le domaine radio, à des longueurs d'onde millimétriques, permettent de détecter dans ces nuages des molécules complexes : on les a baptisés « nuages moléculaires ».

La plupart des molécules ont une dissymétrie de répartition des charges électriques. On parle de polarité. C'est le cas par exemple de la molécule d'eau (H_2O), dans laquelle les atomes d'hydrogène et d'eau ne sont pas alignés en ligne droite. Toutes ces molécules polaires, lorsqu'elles flottent librement dans l'espace, sont agitées de mouvements de vibration et de rotation. Elles se comportent alors comme de minuscules émetteurs de rayonnement radio, à des longueurs d'onde millimétriques caractéristiques.

Si l'on observe un assez grand nombre de molécules identiques sur la ligne de visée, on peut capter un signal radio qui permet d'identifier la molécule émettrice par sa signature. Les antennes radio qui permettent ce type d'observation sont appelées radiotélescopes. Elles se présentent généralement sous la forme d'une parabole qui concentre le signal capté sur l'antenne proprement dite, placée au foyer. On combine souvent les signaux captés par plusieurs antennes paraboliques. Ce mode de fonctionnement, dit « interférométrique », permet de gagner en résolution spatiale sur les images obtenues. On peut citer à cet égard l'interféromètre franco-allemand de l'Iram (Institut de radioastronomie millimétrique), au pic de Bure, à 2 550 m d'altitude, dans le massif du Dévoluy (dans les Hautes-Alpes). Il présente 12 antennes paraboliques de 15 m de diamètre et constitue le plus puissant radiotélescope millimétrique de l'hémisphère Nord.

Les progrès accomplis lors des dernières décennies, notamment en matière d'électronique, ont permis de mettre au point les capteurs performants, nécessaires pour détecter le très faible signal des raies d'émission des molécules observées. On a détecté à ce jour près de 300 molécules différentes dans le milieu interstellaire, parmi lesquelles des molécules organiques complexes, que l'on peut qualifier de prébiotiques. Ce sont pour la plupart des molécules ou radicaux organiques acycliques dotés de squelettes de chaîne carbonée, ainsi qu'une demi-douzaine de molécules cycliques comprenant de 5 à 10 atomes de carbone. Parmi toutes ces molécules, il y a des aldéhydes, des alcools, des acides, des amines et des carboxamides, soit les principaux groupes fonctionnels nécessaires pour initier la formation de molécules prébiotiques et d'ARN.

Il est à noter qu'aucun acide aminé n'a été trouvé à ce jour dans l'espace interstellaire, malgré de multiples recherches pour la glycine (NH_2-CH_2-COOH), la plus simple d'entre eux. En revanche, quatre précurseurs putatifs de la glycine, la méthylamine (CH_3NH_2), le formamide (CH_3CHO), le glycolonitrile ($HOCH_2CN$) et l'aminoacétonitrile, (NH_2-CH_2-CN), ont été détectés, tout comme la cyanométhanimine (HNCHCN), possible précurseur de l'adénine ($H_5C_5N_5$), l'une des quatre bases nucléiques de l'ADN. Des molécules organiques ont été découvertes non seulement dans les nuages interstellaires du voisinage solaire, mais aussi dans toute la Voie lactée, ainsi que dans les galaxies proches, et même dans certains quasars (galaxies très actives et lointaines). On constate ainsi que les ingrédients de base impliqués dans l'expérience de Miller-Urey et dans d'autres expériences

semblables (H_2, H_2O, CH_4, NH_3, CO, H_2S...) sont apparus très tôt après la formation des premières galaxies et se sont répandus dans tout l'Univers. La composition chimique du gaz des galaxies lointaines ne semble en effet pas très différente de celle des nuages interstellaires proches.

Antennes du radiotélescope millimétrique de l'Iram
au pic de Bure

Nuage moléculaire TMC-1,
dans la constellation du Taureau

LE NUAGE MOLÉCULAIRE TMC-1
Le nuage moléculaire TMC-1, situé à 400 années-lumière, dans la constellation du Taureau, est l'un des plus étudiés, car il s'avère particulièrement riche en molécules carbonées, mais aussi en composés soufrés.

On a longtemps pensé que les conditions difficiles régnant dans le milieu interstellaire (densité inférieure à quelques centaines d'atomes par cm^3, température de quelques dizaines de kelvins, rayonnement ultraviolet des étoiles, rayons cosmiques) empêcheraient la survie de molécules complexes. Mais cette position a totalement changé à la fin des années 1960, lorsqu'on s'est rendu compte du rôle protecteur des grains de poussière et des atomes d'hydrogène, ainsi que de l'auto-protection des molécules H_2, N_2 et CO. Tout cela réduit en effet considérablement la photo-destruction de ces molécules et de nombreuses autres molécules dans le milieu interstellaire.

DÉTECTION DU CATION MÉTHYL, PIERRE ANGULAIRE DE LA CHIMIE DU CARBONE INTERSTELLAIRE

En 2023, le télescope spatial James Webb a permis de détecter pour la première fois la molécule de cation méthyle (CH_3+). Elle a été trouvée dans un disque protoplanétaire, c'est-à-dire un système planétaire en formation, autour d'une jeune étoile située dans le nuage moléculaire d'Orion, à 1 300 années-lumière de la Terre.

Cette molécule carbonée assez simple possède une propriété unique : elle réagit difficilement avec l'élément le plus abondant de l'Univers, l'hydrogène, mais elle réagit très bien avec d'autres atomes et molécules, ce qui permet de former des molécules carbonées beaucoup plus complexes. Le rôle essentiel du CH_3+ dans la chimie du carbone interstellaire a été prédit dès les années 1970, au point qu'on qualifie cette molécule de pierre angulaire de la chimie du carbone interstellaire. Il est donc particulièrement intéressant de voir qu'elle est présente dans une région de l'espace où pourraient se former des exoplanètes capables d'accueillir la vie.

Image infrarouge du nuage moléculaire de la nébuleuse d'Orion

Le télescope spatial James Webb y a détecté du CH_3+ autour d'une étoile en formation.

La nébuleuse de la Carène est une région de formation d'étoiles massives dans le ciel austral, photographiée ici en lumière infrarouge à l'aide de la caméra HAWK-I du « Very Large Telescope » de l'ESO (European Southern Observatory).

LES HYDROCARBURES AROMATIQUES POLYCYCLIQUES

Certaines molécules présentes dans le milieu interstellaire sont plus faciles à détecter dans le domaine infrarouge. C'est le cas des hydrocarbures aromatiques polycycliques, plus connus sous leur acronyme anglais de PAH. Ils ont été proposés en 1984 par les astrophysiciens français Alain Léger et Jean-Loup Puget comme possibles responsables de l'émission interstellaire des bandes infrarouges observées entre 3 et 15 μm. L'analyse approfondie des données d'observations récoltées par le satellite européen ISO (Infrared Space Observatory) entre 1995 et 1998 a permis de confirmer cette idée, avec la détection dans la nébuleuse du rectangle rouge, annoncée dans un article paru en 2018, de la molécule d'anthracène, ainsi nommée (du grec *anthrax*, charbon) car on l'extrait du goudron.

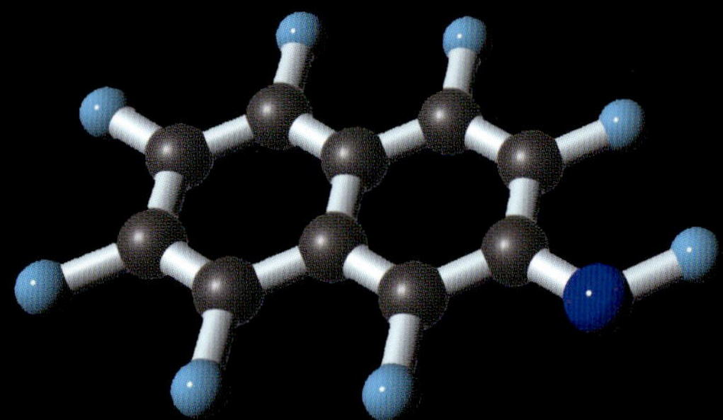

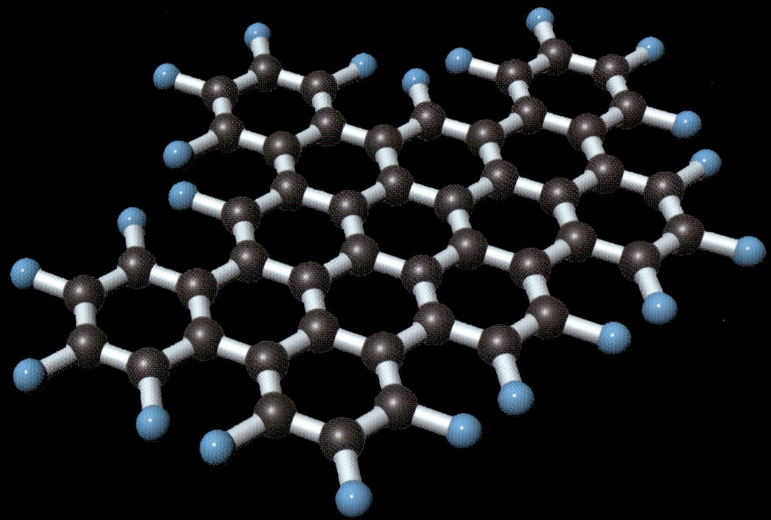

La détection de PAH est intéressante car, soumises aux conditions du milieu interstellaire, ces molécules sont transformées, par hydrogénation, oxygénation et hydroxylation, en composés organiques plus complexes. Cela pourrait constituer une étape sur la voie des acides aminés et des nucléotides, les matières premières des protéines et de l'ADN, respectivement. De plus, à la suite de ces transformations, les PAH perdent leur signature spectroscopique, ce qui pourrait expliquer pourquoi on ne les détecte pas dans les grains de glace interstellaires, en particulier dans les régions périphériques des nuages moléculaires froids et denses.

Molécules de PAH détectées dans l'atmosphère de Titan $C_{10}H_8N$ et $C_{48}H_{22}$

Plus près de nous, il est intéressant de noter que la sonde Cassini a détecté, en 2013, des PAH dans l'atmosphère de Titan, le plus gros satellite de Saturne. De telles molécules pourraient contribuer à la production de précurseurs de produits prébiotiques, à l'origine de la vie telle que nous la connaissons aujourd'hui sur Terre.

DÉTECTION DE MOLÉCULES ORGANIQUES DANS LES COMÈTES

Avant que l'on envoie des sondes spatiales pour analyser *in situ* la composition des comètes, les radiotélescopes ont permis de détecter dans leur queue des molécules organiques. La liste est longue, mais on peut citer les plus abondantes, le méthanol (CH_3OH) et le formaldéhyde (H_2CO). On trouve aussi du méthane (CH_4), de l'acétylène(C_2H_2), de l'éthane (C_2H_6), de l'acide méthanoïque ($HCOOH$), de l'éthanal (CH_3CHO), du formiate de méthyle ($HCOOCH_3$), de l'acide cyanhydrique (HCN), de l'isocyanure d'hydrogène (HNC), de l'acétonitrile (CH_3CN), etc.

Le petit robot Philae, largué par la sonde européenne Rosetta en 2014 sur la comète Churyumov-Gerasimenko, a permis d'identifier sur le noyau même de la comète, en plus des molécules couramment observées que sont l'eau (H_2O) et le monoxyde de carbone (CO), une dizaine de molécules organiques : méthane (CH_4), cyanure d'hydrogène (HCN), méthylamine (CH_3NH_2), acétaldéhyde (CH_3CHO), formamide ($HCONH_2$), acétone(C_3H_6O), éthylène glycol ($C_2H_6O_2$), méthoxyéthane (C_3H_8O), 2-méthoxypropane (C_4H_8O) et cyclopentanol ($C_5H_{10}O$). De plus, l'analyse du seul et unique chromatogramme en phase gazeuse enregistré par Philae a confirmé la présence dans le noyau cométaire d'éthylène glycol en quantité non négligeable.

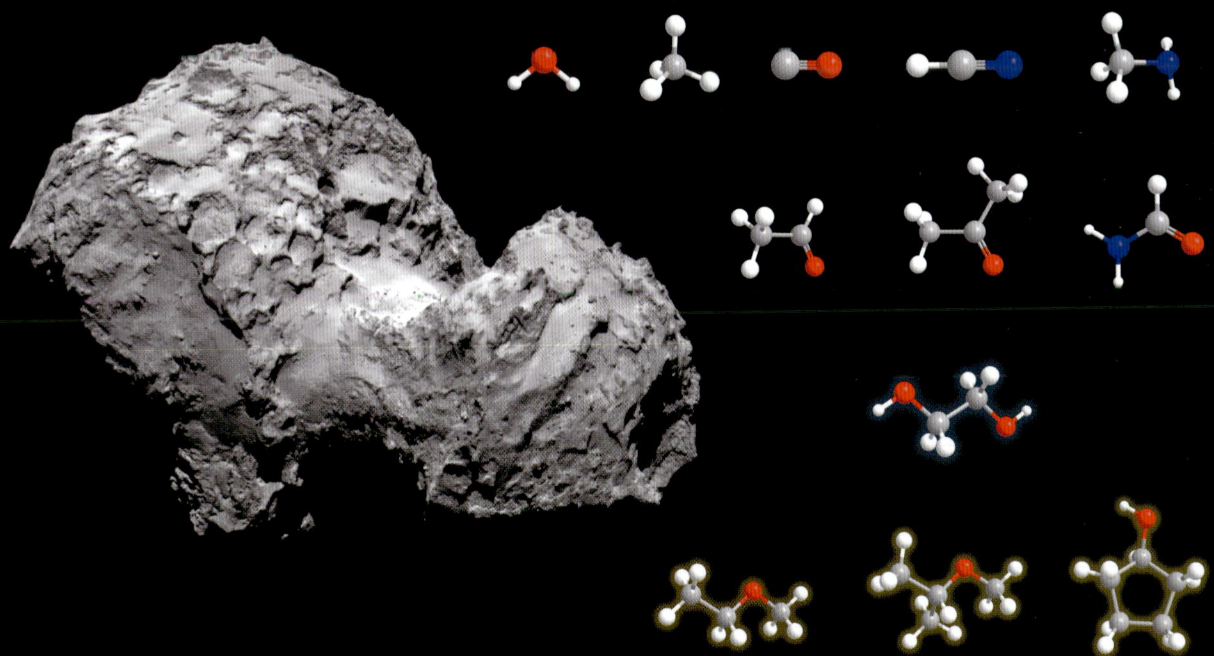

Molécules détectées par Philae sur le noyau de la comète Churyumov-Gerasimenko d'après l'analyse des chercheurs de l'Institut de Chimie de Nice, Guillaume Leseigneur et Uwe Meierhenrich, à la tête d'une équipe internationale

LES PLUS GROSSES MOLÉCULES CARBONÉES DU MILIEU INTERSTELLAIRE

Une des plus grosses molécules détectées dans le milieu interstellaire est le C_{60}, un fullerène. Elle est composée de 60 atomes de carbone en forme de sphère, dont la surface comprend 12 pentagones et 20 hexagones, exactement comme un ballon de football. On a baptisé cette molécule « footballène » en raison de cette ressemblance.

En 2010, le télescope spatial Spitzer en a découvert en lumière infrarouge la signature spectrale dans une nébuleuse planétaire. Il existe une grande variété de fullerènes. Ces molécules sont exclusivement composées d'atomes de carbone assemblés dans des structures géométriques en forme de tubes, de cuvettes ou d'anneaux. On pense qu'elles se forment dans le milieu interstellaire à partir de la décomposition de grains de carbone amorphe hydrogénés, constituants principaux des poussières interstellaires.

Certains chercheurs ont émis l'hypothèse que cette grosse molécule creuse, ultra-robuste et purement carbonée qu'est le C_{60}, serait le premier ancêtre de la vie. Sur cette structure très stable ont pu s'assembler spontanément de petites molécules. Elles ont ainsi formé un manteau superficiel de molécules plus grosses. Ces dernières, recouvertes de nucléotides (éléments de base des acides nucléiques tels que l'ARN ou l'ADN) et de peptides, pourraient être les précurseurs du ribosome, l'organite présent dans toutes les cellules vivantes, qui décode les séquences d'ARN et assemble les acides aminés en protéines.

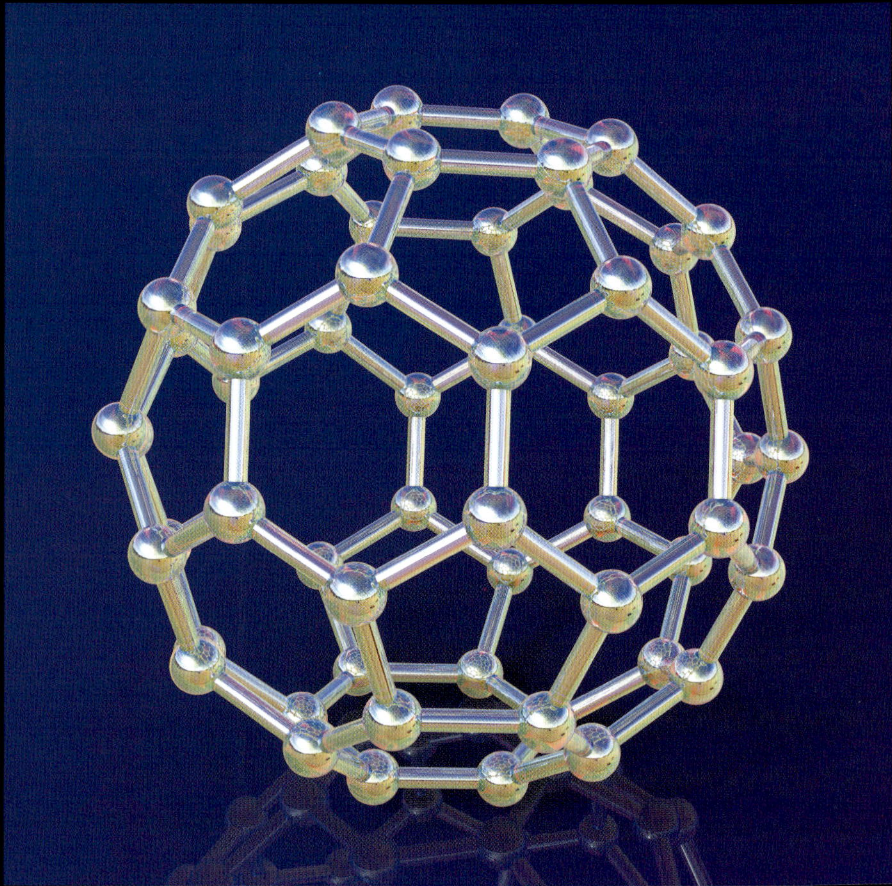

Modèle de la molécule de footballène C_{60}

L'EAU EST PARTOUT DANS L'UNIVERS

L'omniprésence de l'eau dans l'Univers est particulièrement encourageante pour la quête de la vie ailleurs. On l'a détectée dans l'atmosphère de presque toutes les planètes du système solaire et sur la plupart de leurs satellites, y compris la Lune. Elle y aurait notamment été apportée par des comètes. Elle serait restée sous forme de glace dans des cratères des régions polaires dont le fond ne voit jamais le soleil. L'eau constitue par ailleurs la majeure partie de la matière des comètes, sous forme de glace. On l'a également détectée à la surface de certains astéroïdes. La détection d'eau dans l'atmosphère de certaines exoplanètes est de plus en plus fréquente, et il existe certainement des planètes-océans entièrement recouvertes d'eau liquide lorsqu'elles se trouvent dans la zone habitable de leur étoile.

La molécule d'eau a une émission spécifique dans le domaine infrarouge, avec plusieurs raies aux alentours de 100 μm de longueur d'onde. Cette propriété a permis au satellite européen ISO (Infrared Space Observatory), lancé en 1995, de la détecter en de nombreux endroits de l'Univers, des planètes du système solaire aux galaxies lointaines, en passant par les régions de formation d'étoiles, le voisinage des étoiles en fin de vie et les régions proches du centre galactique.

Mais le plus surprenant a été de la détecter sous forme de vapeur d'eau en très forte concentration (20 fois plus que les valeurs habituelles) dans un nuage de matière interstellaire de la grande nébuleuse d'Orion. Ce nuage, connu sous l'appellation BN-KL, est principalement composé de molécules de dihydrogène. Mais on y trouve aussi de jeunes étoiles et des systèmes stellaires en formation. Les jeunes étoiles chauffent le gaz qui les entoure par des émissions de matière qui provoquent des ondes de choc, au point que la température du gaz peut dépasser la centaine de degrés centigrades. Des réactions chimiques transforment alors la plupart des atomes d'oxygène du gaz interstellaire en les combinant avec de l'hydrogène pour former de l'eau.

Les chercheurs qui ont fait cette découverte en 1998 ont écrit : « Le nuage de gaz interstellaire BN-KL que nous observons dans Orion semble être une énorme usine chimique, générant suffisamment de molécules d'eau en une seule journée pour remplir 60 fois les océans de la Terre. Finalement, cette vapeur d'eau se refroidira et gèlera, se transformant en petites particules solides de glace. De telles particules de glace étaient vraisemblablement présentes dans le nuage de gaz à partir duquel le système solaire s'est formé. Il semble tout à fait plausible qu'une grande partie de l'eau de notre système solaire ait été produite à l'origine dans une usine géante de production de vapeur d'eau comme celle que nous observons dans la nébuleuse d'Orion. »

La nébuleuse d'Orion en infrarouge proche

Le satellite ISO a détecté de l'eau en quantité dans le nuage BN-KL, de couleur orangée.

PROBABILITÉ DE VIE AILLEURS

Paradoxe de Fermi

Le physicien italien Enrico Fermi, qui obtint le prix Nobel en 1938 pour ses travaux en physique nucléaire, s'est, comme beaucoup de scientifiques, posé la question de l'existence de vie ailleurs. En 1950, lors d'une conversation informelle avec trois de ses collègues, il évoque le fait qu'aucune civilisation extraterrestre ne se soit manifestée jusque-là. Il juge la chose paradoxale, considérant que notre Soleil est plus jeune que la plupart des étoiles de notre galaxie, étoiles autour desquelles la vie aurait eu le temps de se développer. Si ce qui s'est produit sur Terre s'était déjà produit ailleurs, la vie aurait dû évoluer jusqu'à l'apparition de civilisations plus avancées que la nôtre, au moins sur certains des systèmes planétaires plus âgés. On devrait donc pouvoir les détecter depuis la Terre, ne serait-ce que sous la forme d'ondes radio.

Fermi n'a jamais mis par écrit ses idées à ce sujet, mais elles ont été maintes fois reprises par ceux qui se sont intéressés à l'existence de vie ailleurs et popularisées sous l'appellation de « paradoxe de Fermi ». Certains n'ont pas hésité à conclure, un peu hâtivement sans doute, que nous sommes seuls dans l'Univers parce que nous n'avons toujours rien détecté...

Frank Drake et l'équation qui porte son nom

$$N = R_* \times f_p \times n_e \times f_l \times f_i \times f_c \times L$$

Cette équation donne le nombre N de civilisations « observables » dans notre Galaxie, la Voie lactée, comme étant le résultat de la multiplication de sept facteurs :

- R_* est le taux d'étoiles qui naissent chaque année dans notre Galaxie. Drake l'estime à 10 étoiles par an, et ce chiffre n'a pas beaucoup évolué depuis, car les estimations actuelles donnent 6 à 7 nouvelles étoiles par an.

- f_p est la fraction de ces étoiles qui possèdent un système planétaire (l'indice p accolé à f signifiant *planet*, planète). Drake l'estime à 0,5, et les observations récentes confirment cette valeur.

- n_e, est le nombre moyen, par étoile, de planètes semblables à notre Terre et pouvant abriter la vie (l'indice e accolé à n signifiant *earth-like*, semblable à la Terre). Drake est optimiste, car il l'évalue à 2. Or dans notre système solaire, il est égal à 1, puisque seule la Terre répond au critère demandé. On a néanmoins déjà observé un système planétaire dans lequel trois exoplanètes se trouvent dans la zone habitable et ont des tailles comparables à la Terre, autour de l'étoile Trappist-1. Le paramètre n_e est donc égal à 3 pour cette étoile.

- f_l est la fraction des planètes situées dans la zone habitable de leur étoile et sur lesquelles la vie est apparue (l'indice l accolé à f signifiant *life*, « vie »). Là encore, Drake fait preuve d'optimisme en l'estimant à 1. Selon lui, la vie apparaît donc inévitablement, dès lors que les conditions sont réunies, c'est-à-dire dès lors que l'on a une planète qui ressemble à la Terre et qui se trouve à la bonne distance de son étoile pour ne pas être un enfer ni un monde glacé. On arrive clairement dans la partie la plus spéculative de la formule. Les débats entre spécialistes sont toujours très animés et ne permettent pas d'arriver à un consensus.

- f_i, est la fraction des planètes où la vie a évolué jusqu'à l'apparition d'une espèce intelligente (l'indice i accolé à f signifiant *intelligence*). Drake l'estime à 0,01, ce qui veut dire que la vie sur une planète a évolué jusqu'à l'apparition de l'intelligence dans 1 % des cas. Il est difficile de dire si, cette fois-ci, Drake a fait preuve d'optimisme ou non, puisque rien ne permet d'estimer cette valeur. Notre seule référence est la Terre, où la conscience et l'intelligence ont surgi à la suite d'un événement évolutif unique au cours de son histoire, avec l'apparition des neurones.

- f_c, est la fraction des formes de vie intelligentes ayant développé un système de communication et souhaitant communiquer (l'indice c accolé à f signifiant *communication*). Drake l'a estimé à 0,01, et on peut estimer qu'il est plutôt pessimiste. En effet, une vie intelligente se développant à la surface d'une planète a de fortes chances de devoir inventer un jour un système de communication plus élaboré et efficace que les signaux de fumée ou les feux allumés en haut de tours. Les scientifiques extraterrestres observeront inévitablement le ciel et les astres qui les entourent, ne serait-ce que par curiosité, et ils en viendront inévitablement à développer des instruments permettant d'observer dans tout le spectre électromagnétique. L'invention et l'utilisation de capteurs et d'émetteurs d'onde radio semblent donc inéluctables, même s'il est difficile d'estimer le temps nécessaire pour y arriver.

- L est la durée de vie, exprimée en années pour une civilisation capable de communiquer à distance. Drake l'estime à 10 000 ans, mais là encore, on est face à un paramètre bien difficile à évaluer. Même s'il n'y a pas de catastrophe naturelle à l'échelle planétaire, comme celle qui a entraîné la disparition des dinosaures il y a 65 millions d'années, on ne peut exclure que l'homme disparaisse un jour, à la suite de conflits mondiaux, du changement climatique ou de l'épuisement des ressources naturelles. Pour ce paramètre, comme pour les trois précédents, les valeurs peuvent varier énormément selon que l'on est optimiste ou pessimiste.

Avec les valeurs estimées par Drake pour les sept facteurs ou paramètres que l'on vient de détailler, on trouve N=10. Cela veut dire qu'il y aurait dans notre Galaxie une dizaine de planètes hébergeant des êtres pensants capables de communiquer avec nous. Ce résultat encourageant a d'ailleurs été l'un des éléments qui ont contribué à lancer le programme de recherche SETI (*Search for Extraterrestrial Intelligence*).

DÉTECTER DES SIGNES DE VIE

LE PROGRAMME SETI

L'astrophysicien Frank Drake lance en 1960 un premier programme de recherche d'intelligence extraterrestre baptisé Ozma, du nom de la princesse de fiction du pays d'Oz. Il utilise une antenne parabolique de 26 m de diamètre de l'observatoire de Green Bank (en Virginie-Occidentale, aux États-Unis) pour écouter les émissions radio de deux étoiles proches et semblables au Soleil, Epsilon Eridani et Tau Ceti, dont on suppose qu'elles sont entourées de planètes. La première est située à 10 années-lumière, la deuxième à 12 années-lumière de nous. À l'époque, on n'avait aucun moyen de détecter d'éventuelles exoplanètes autour de ces étoiles ; mais aujourd'hui, on a pu confirmer que la première a au moins deux exoplanètes, quand la deuxième en aurait sept, dont deux situées dans la zone habitable de leur étoile et un peu plus grosses que notre Terre.

La longueur d'onde choisie par Drake pour écouter les deux étoiles du programme Ozma est 21 cm (1420 MHz), ce qui correspond à l'émission naturelle de l'atome d'hydrogène, l'élément le plus abondant de l'Univers. On suppose que des extraterrestres s'intéressant à leur environnement auront inévitablement observé cette raie d'émission et auront donc choisi de l'utiliser pour communiquer avec d'autres civilisations éventuelles de la Galaxie.

Aucun signal structuré n'est capté au cours des 4 mois d'observation, à raison de plusieurs heures d'écoute par jour. Ce programme a néanmoins le mérite de servir de test. S'appuyant sur l'équation qui porte son nom, Drake parvient à convaincre d'autres collègues chercheurs de l'intérêt de lancer le programme officiel de recherche d'intelligence extraterrestre, SETI (*Search for Extraterrestrial Intelligence*). Il est toutefois plus difficile de convaincre les politiques de financer ce type de recherches et certains sénateurs américains jugeant qu'il s'agirait d'un gaspillage de l'argent public.

L'institut SETI est néanmoins officiellement créé en 1984, en tant qu'organisme à but non lucratif. Son but affiché est d'explorer, de comprendre et d'expliquer l'origine, la nature et la prévalence de la vie dans l'Univers. Il emploie aujourd'hui une cinquantaine de chercheurs. Certaines de ses recherches en astrobiologie sont subventionnées par la Nasa et par d'autres organismes de recherche du gouvernement américain.

Face aux difficultés de financement, les programmes d'observation restent réduits. Ozma est toutefois suivi par Ozma II, qui permet d'observer près de 700 étoiles entre 1972 et 1976, toujours sans succès. Pendant une vingtaine d'années, aucun programme de grande envergure n'est lancé, jusqu'en 1995, date à laquelle l'Institut SETI parvient enfin à trouver des ressources sur fonds privés pour poursuivre les observations dans le cadre du projet Phoenix. Des équipements spécifiques destinés à la recherche de signaux extraterrestres sont alors installés dans les observatoires d'Arecibo (à Porto Rico), Parkes (en Australie) et Greenbank (en Virginie-Occidentale, aux États-Unis). Les observations sont effectuées entre 1995 et 2004 dans une bande de fréquence de 1 200 à 3 000 MHz. L'écoute attentive des 800 étoiles du programme Phoenix, dont la plus lointaine est située à 240 années-lumière, ne permet cependant pas de détecter de signal extraterrestre.

Le radiotélescope de 26 m de Greenbank

Radiotélescope d'Arecibo (Porto Rico)

Il a été utilisé en 1974 pour envoyer un message à destination d'éventuels extraterrestres. Endommagé par un ouragan puis par des tremblements de terre, il a été démantelé en 2021.

SETI@HOME

Une idée originale a consisté à faire participer le public à l'analyse des données recueillies, au travers du programme SETI@home. Toute personne intéressée pouvait participer. Il fallait pour cela utiliser un programme gratuit, qui téléchargeait et analysait des fichiers de données fournis par le Space Sciences Laboratory de l'université de Californie à Berkeley. Ce travail pouvait par exemple se faire en tâche de fond sur un ordinateur personnel (un PC en mode veille). Les résultats de l'analyse étaient ensuite envoyés automatiquement à l'expéditeur, qui renvoyait aussitôt de nouvelles données à analyser. L'utilisateur était prévenu si un signal intéressant avait été détecté par sa machine, mais le cas ne s'est pas présenté.

L'intérêt de ce mode de fonctionnement est de disposer d'une énorme puissance de calcul, puisqu'on distribue le travail à un très grand nombre de machines. Le nombre d'ordinateurs connectés a ainsi approché les 200 000 sur la période de fonctionnement de SETI@home, entre 1999 et 2020, date de l'arrêt du projet. Il a permis d'accumuler l'équivalent de plusieurs millions d'années de temps de calcul sur ordinateur. L'arrêt s'est justifié par le fait que les organisateurs estimaient avoir accumulé suffisamment de données pour écrire un article de synthèse dans une revue scientifique. Toutefois, si les tâches ne sont plus distribuées aux utilisateurs qui en font la demande, l'analyse des données recueillies se poursuit à la source. Le site web affiche que SETI@home est en hibernation mais que les forums de discussion continuent de fonctionner.

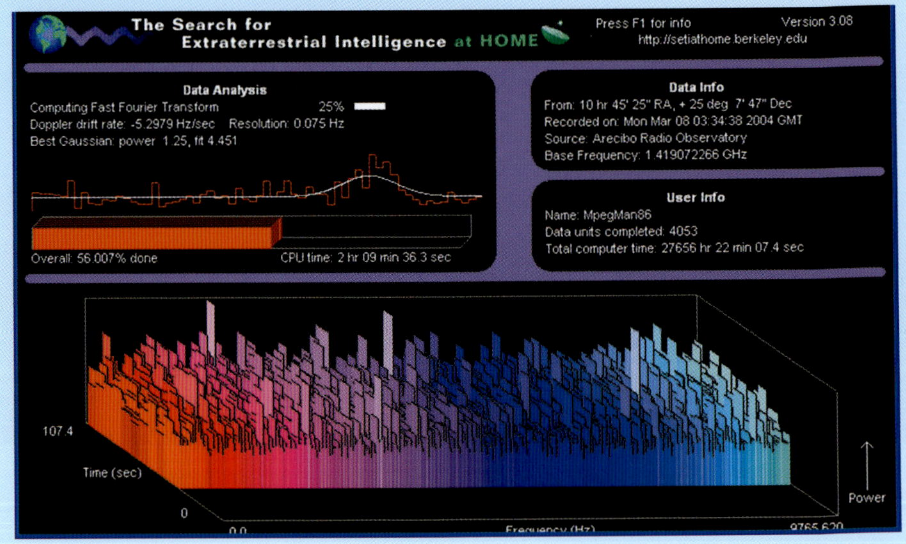

Écran de visualisation du traitement des données par SETI@home

UN SIGNAL INEXPLIQUÉ !

Le 15 août 1977, le radiotélescope Big Ear (Grande Oreille) de l'université de l'Ohio, a détecté un puissant signal radio à bande étroite, à la fréquence de 1 420 MHz, soit 21 cm de longueur d'onde. Ce signal semblait provenir de la constellation du Sagittaire, dans laquelle se trouve le centre galactique. Il a duré 72 secondes et était suffisamment fort pour que l'astronome Jerry Ehman le remarque en analysant les données enregistrées. Il fut même impressionné, au point d'écrire « *Wow* » sur la bande de papier sortant de l'imprimante de l'ordinateur.

Le signal Wow, comme on l'appela par la suite, n'avait aucune modulation détectable (technique utilisée pour transmettre des informations par ondes radio), mais il constituait quand même un candidat intéressant pour une transmission radio extraterrestre. En effet, sa longueur d'onde (21 cm) est celle de l'hydrogène neutre. Du fait de son caractère universel, cette longueur d'onde est considérée comme l'une des plus plausibles pour une émission extraterrestre. De plus, le signal était à bande étroite (10 kHz) ; or aucun phénomène naturel connu ne produit ce type d'émission, en tout cas pas à la longueur d'onde de 21 cm.

De nombreuses hypothèses ont été avancées sur l'origine de cette émission, issue de possibles sources naturelles ou artificielles. Mais aucune d'entre elles n'explique de manière satisfaisante le signal Wow. Par la suite, Ehman et d'autres astronomes ont tenté à plusieurs reprises de capter à nouveau ce signal, y compris avec d'autres antennes, mais toujours sans succès.

Vue aérienne du radiotélescope « Big Ear » qui a capté le signal Wow en 1977.

Éléments réflecteurs parabolique et plat du radiotélescope « Big Ear ».

La nébuleuse de la Carène, dans l'hémisphère austral, abrite l'étoile hypergéante Eta Carinae (au cœur du nuage le plus brillant à gauche) qui pourrait exploser prochainement en supernova. Une telle explosion serait fatale à toute forme de vie ayant pu apparaître sur une planète en orbite autour de cette étoile dont la masse est une centaine de fois celle du Soleil et qui brille des millions de fois plus que le Soleil.

EN QUÊTE DES SPHÈRES DE DYSON

En 1960, le physicien américain Freeman Dyson publie un article dans la revue *Science*. Il y émit l'hypothèse selon laquelle une civilisation extraterrestre avancée pourrait construire autour de son étoile une sphère de matière qui permettrait de capter toute l'énergie qu'elle émet sous forme de rayonnement lumineux. L'étoile deviendrait donc invisible pour un observateur extérieur, mais l'énorme structure construite tout autour s'échaufferait nécessairement et émettrait donc un rayonnement infrarouge.

Dyson suggérait donc de faire une recherche systématique des sources de rayonnement infrarouge, dans le but d'identifier de telles sphères abritant une vie intelligente. Mais aucune observation de ce type d'objet n'a pu être faite à ce jour. De plus, de nombreuses objections ont été formulées sur la réalisation possible d'une telle structure autour d'une étoile. Dyson lui-même a reconnu que cela ne pourrait pas être une chose rigide, car elle ne résisterait pas aux efforts mécaniques auxquels elle serait soumise. Pour répondre à ses contradicteurs, il a donc proposé un essaim de collecteurs solaires indépendants qui seraient placés en orbite autour de l'étoile, répartis de manière sphérique, ce qui est beaucoup plus réaliste que la coquille initialement envisagée.

L'idée de Dyson a été reprise et améliorée par de nombreux auteurs, aussi bien pour des articles scientifiques que pour des ouvrages de science-fiction. Pour son article original de 1960, Dyson disait d'ailleurs s'être inspiré du roman de science-fiction *Star Maker* d'Olaf Stapledon, paru en 1937.

Vue d'artiste d'une sphère de Dyson, structure construite par une civilisation avancée autour d'une étoile pour capturer et utiliser son énergie

COMMUNIQUER

LE MESSAGE PORTÉ PAR LES SONDES PIONEER

L'astrophysicien américain Carl Sagan, avec l'aide de Frank Drake, a conçu un message à l'attention d'éventuels extraterrestres. Il fut gravé sur une plaque métallique portée par les sondes spatiales Pioneer 10 et 11. Lancées respectivement en 1972 et 1973, ces sondes sont les premiers objets lancés par l'homme et amenés à sortir du système solaire. Le dernier contact radio avec ces sondes a été établi en 2003 pour la première sonde, et en 1995 pour la seconde. Elles poursuivent leur voyage mais, compte tenu de leur vitesse toute petite comparée à la vitesse de la lumière, elles ne passeront pas près d'une étoile avant des milliers d'année.

Chacune des sondes emporte une plaque sur laquelle on a représenté un couple d'humains dans le plus simple appareil, devant un dessin schématique de la sonde qui permet de se faire une idée de leur taille réelle. On y trouve aussi une représentation schématique des planètes du système solaire (avec 9 planètes, car Pluton n'avait pas encore été déclassée), ainsi que la trajectoire simplifiée de la sonde, lancée depuis la Terre pour passer ensuite entre Jupiter et Saturne.

À gauche du couple, on a représenté les directions des pulsars (de l'anglais *pulsating star*) les plus proches de nous. Ces étoiles pulsantes sont dotées d'un puissant champ magnétique qui canalise d'intenses flots de particules chargées. Elles sont de plus animées d'une rotation rapide qui leur fait émettre de puissants signaux radio à des fréquences très stables. Elles peuvent donc servir de phares cosmiques pour se repérer. Leurs fréquences d'émission ont été reportées sur le dessin en code binaire.

Enfin, en haut à gauche de la plaque, on a représenté schématiquement une chose tout aussi difficile à décrypter : l'atome d'hydrogène neutre, avec ses deux états naturels de spin (rotation). Cet atome est composé d'un proton autour duquel tourne un électron. Le dessin montre les deux configurations possibles, celle ou les deux spins (du proton et de l'électron) sont dans le même sens et celle où ils sont opposés. La transition d'un état à l'autre se fait de manière naturelle et se traduit par l'émission d'une raie à 21 cm de longueur d'onde, longueur d'onde que l'on capte d'autant plus facilement que l'hydrogène est l'élément le plus abondant dans l'Univers. Cette raie d'émission radio est donc certainement familière pour toute civilisation extraterrestre suffisamment avancée ; c'est pourquoi on a choisi de la représenter ici, sous la forme d'un petit trait entre les deux états possibles de spin de l'atome d'hydrogène, trait qui mesure 21 cm, si l'on se réfère à l'échelle de taille que constituent la sonde et le couple.

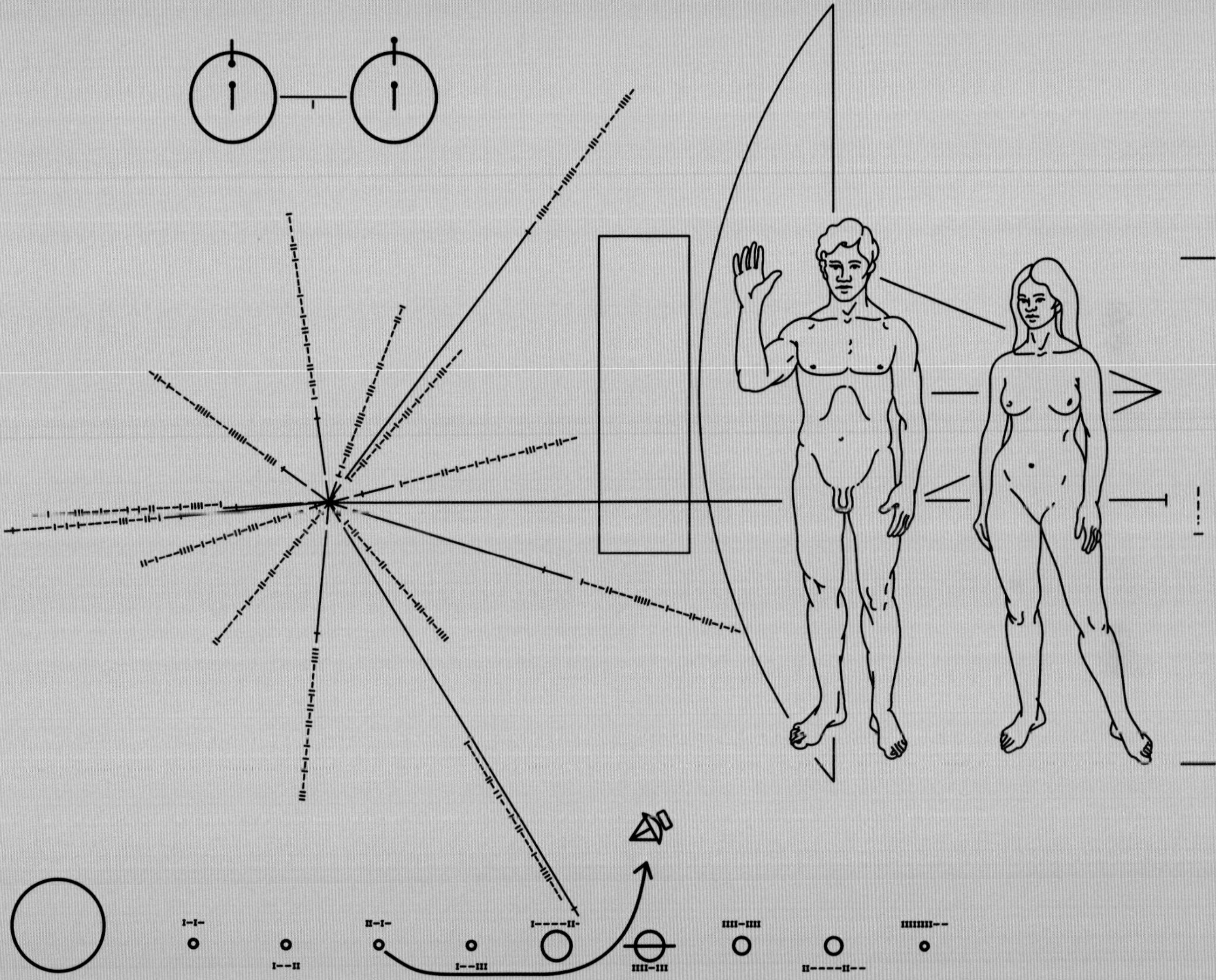

Vue d'artiste de la sonde Voyager 1
quittant le système solaire

LE MESSAGE PORTÉ PAR LES SONDES VOYAGER

Les messages portés par les sondes spatiales Voyager 1 et 2, lancées en 1977, sont nettement plus élaborés que le dessin gravé sur la plaque portée par les sondes Pioneer. Chacune des sondes porte un disque de 30 cm de diamètre, sur lequel sont gravés des sons, mais aussi des images décrivant la diversité de la vie et de la culture sur Terre. Sur le couvercle de protection, on a gravé le mode d'emploi pour lire le disque. On y a également repris les schémas de la répartition des pulsars qui nous entourent et le schéma du spin de l'hydrogène, qui figuraient tous deux sur les plaques de Pioneer.

Les sons et musiques, ainsi que les 116 images enregistrées sur le disque ont été choisis par un comité présidé par Carl Sagan et Frank Drake, concepteurs des plaques des sondes Pioneer. Les sons vont des cris d'animaux, y compris le chant des baleines, à des bruits de machines, en passant par des sons de la nature. Les musiques comprennent des chants traditionnels de différents pays, du blues, du jazz et du rock and roll, sans oublier de la musique classique (Bach, Beethoven, Mozart, Stravinsky). On peut aussi entendre des salutations dites en 55 langues, anciennes et modernes. Enfin, les images montrent des humains, des métiers, des habitations, des monuments, des animaux, des paysages et même des planètes du système solaire. En revanche, sur les images, les humains sont toujours habillés, car le couple nu des sondes Pioneer avait été sujet à polémique.

Le contact radio est toujours maintenu avec les deux sondes. Et bien qu'aucune des deux ne se dirige vers une étoile en particulier, Voyager 1 passera à moins de 1,6 année-lumière de l'étoile Gliese 445, dans la constellation de la Girafe, dans environ 40 000 ans. Carl Sagan a déclaré : « Le vaisseau spatial ne sera rencontré et le disque joué que s'il existe des civilisations spatiales avancées dans l'espace interstellaire, mais le lancement de cette bouteille à la mer dans l'océan cosmique en dit long sur la vie sur notre planète. »

Couvercle de protection et disque des sondes Voyager à l'attention des extraterrestres

Vue d'artiste de la sonde Voyager
de la Nasa emportant son disque d'or

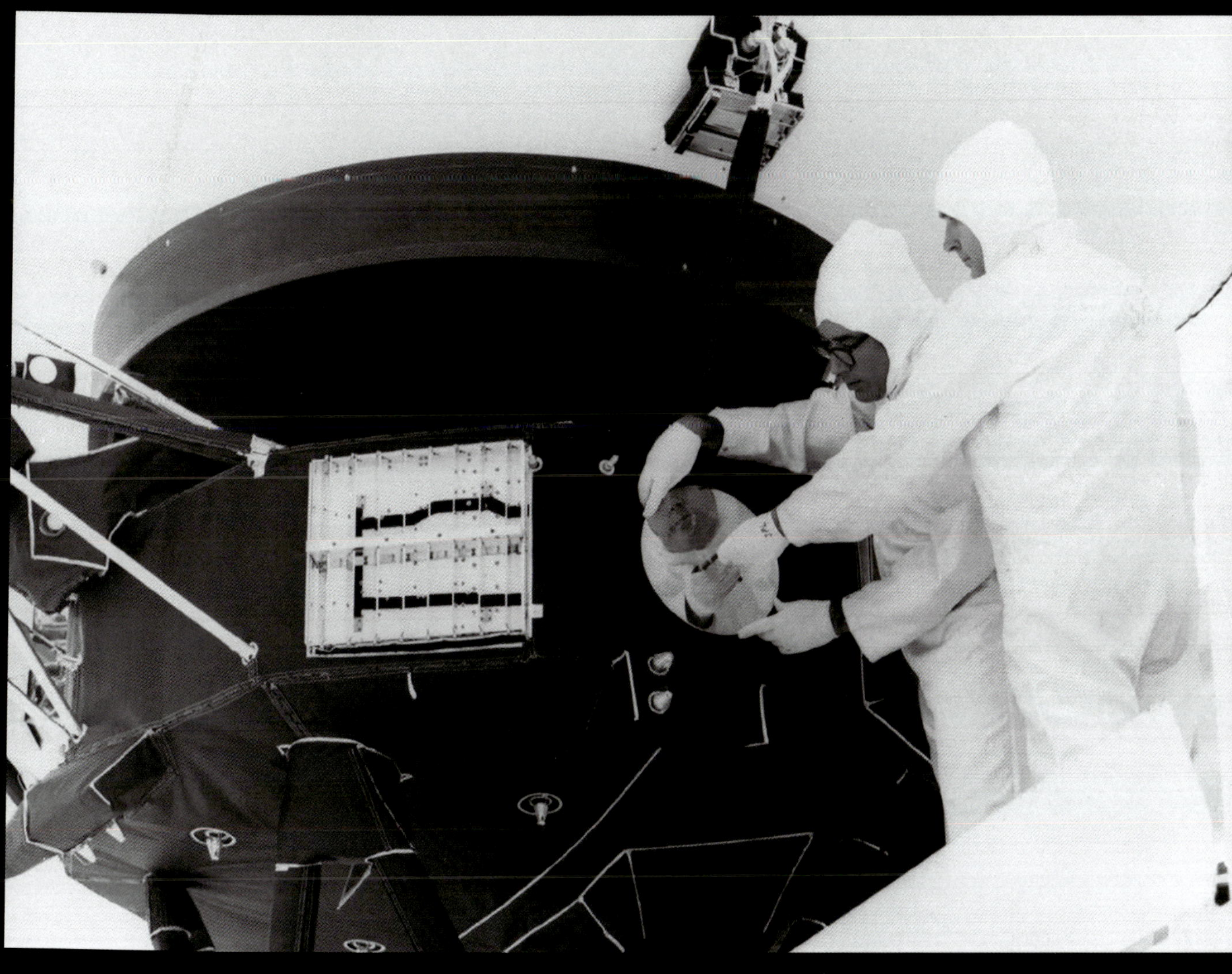

Mise en place du disque d'or
sur une des deux sondes Voyager

LE MESSAGE DU RADIOTÉLESCOPE D'ARECIBO

Le 16 novembre 1974, le radiotélescope d'Arecibo, permettant d'écouter l'émission radio des astres, a été exceptionnellement utilisé pour émettre un signal à destination d'éventuels extraterrestres. Cet instrument de 305 m de diamètre fait des observations dans une gamme de longueur d'onde allant de 3 cm (10 GHz) à 1 m (300 MHz).

C'est à l'occasion du développement de ses capacités que le radiotélescope a permis d'envoyer un message en direction de l'amas globulaire M13, dans la constellation d'Hercule. Cet ensemble de quelques centaines de milliers d'étoiles est situé à 25 000 années-lumière. Si quelqu'un le capte et y répond, la réponse ne nous parviendra que dans 50 000 ans, le temps de l'aller-retour du signal. Le calcul montre que la puissance émise devrait permettre à un instrument similaire, installé sur une planète en orbite autour d'une des étoiles de l'amas M13, de capter notre message malgré la distance qui nous sépare.

Le signal émis est composé d'une série de bits (unité d'information en langage informatique) faite des valeurs binaires 0 ou 1. La différence entre les deux est produite en décalant légèrement la fréquence d'émission, de 10 Hertz très exactement. La fréquence du signal lui-même est de 2 380 MHz, soit 12,6 cm de longueur d'onde. Cette valeur a été choisie car elle est peu absorbée par l'atmosphère terrestre, et elle peut difficilement être confondue avec les émissions radio naturelles du milieu interstellaire. La transmission a pris moins de 3 minutes, et le message émis comprend au total 1679 bits, résultat du produit de deux nombres premiers : 23 x 73. On compte donc sur l'intelligence de ceux qui capteront ce signal pour le traduire en le reportant sur une grille de 23 colonnes de 73 pixels chacune. S'ils noircissent les cases correspondant à l'émission d'un bit de valeur 1, ils verront alors apparaître le message qu'on leur envoie.

On notera que la grille de lecture peut être orientée de 16 façons différentes, mais une seule donne un dessin lisible, et elle devrait donc attirer l'attention de ceux qui chercheront à interpréter ce message. On peut alors voir les éléments suivants dessinés sur la grille, de haut en bas :

- Les chiffres de 1 à 10.
- Les numéros atomiques (1, 6, 7, 8 et 15) des éléments hydrogène, carbone, azote, oxygène et phosphore, qui composent l'acide désoxyribonucléique (ADN).
- Les formules moléculaires des nucléotides de l'ADN.
- La structure en double hélice de l'ADN avec, au milieu, le nombre (en code binaire) de nucléotides d'ADN présents dans le génome humain.
- Une représentation schématique d'être humain, avec sa taille indiquée à gauche (14

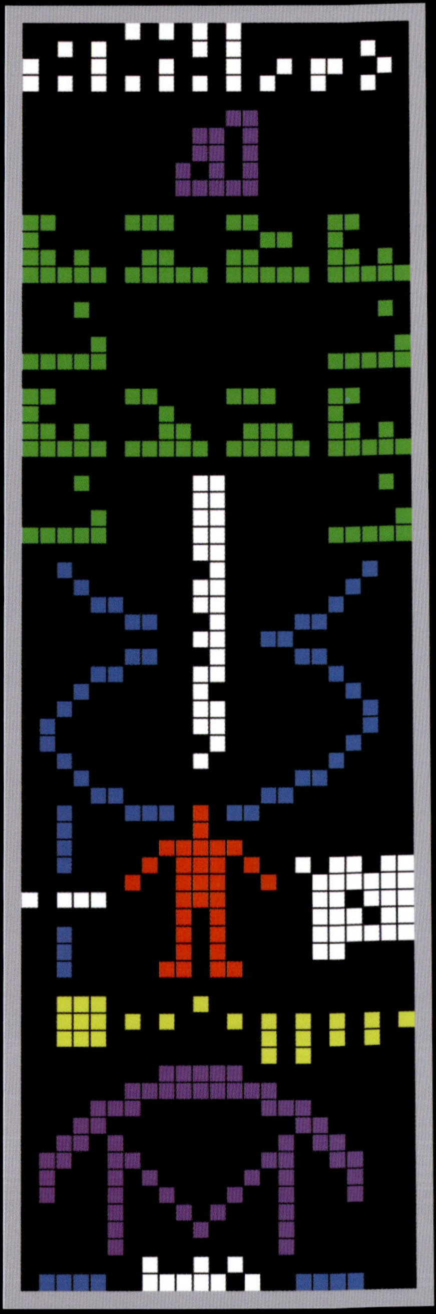

Message radio envoyé en 1974 par le radiotélescope d'Arecibo

Les couleurs ont été ici rajoutées pour faciliter l'identification des différents éléments.

en code binaire, multiplié par la longueur d'onde du signal, soit 1,76 m), la population humaine de la Terre indiquée à droite en codage de 32 bits (environ 4 milliards à l'époque de l'envoi du message en 1974).

- Un schéma très simplifié du système solaire, indiquant de quelle planète provient le message. Le Soleil est à gauche et la troisième planète, la Terre, est décalée vers la figure humaine pour indiquer où nous habitons.

- Une représentation schématique du radiotélescope d'Arecibo avec, en-dessous, la dimension physique de l'antenne parabolique émettrice (2 430 en code binaire, multiplié par la longueur d'onde du signal, ce qui donne 305 m).

Le message a été élaboré par Frank Drake avec l'aide de Carl Sagan et d'autres collaborateurs. Tout comme les messages gravés des sondes Pioneer et Voyager, il n'est pas évident à décrypter, mais il est clair, si quelqu'un le capte un jour, qu'il s'agit là de quelque chose de structuré qui aurait difficilement pu être émis par une source naturelle.

Notons aussi que, dans 25 000 ans, l'amas globulaire M13 se sera déplacé, et le signal risque bien de passer à côté de sa cible. Il continuera néanmoins à se propager dans l'espace et rencontrera probablement d'autres étoiles sur son trajet, en plus de celles déjà croisées en cours de route.

L'amas globulaire M13
dans la constellation d'Hercule

C'est dans sa direction qu'a été envoyé
le message radio d'Arecibo en 1974.

LES PULSARS ET LES PETITS HOMMES VERTS

En novembre 1967, près de Cambridge, en Angleterre, l'étudiante en thèse Jocelyn Bell capte, avec le radiotélescope de Mullard, un curieux signal à la fréquence de 81,5 MHz (soit 3,68 m de longueur d'onde). Ce signal est composé de pulses réguliers, d'une durée de 4 centièmes de secondes, émis toutes les 1,34 secondes. Une telle régularité fait penser à un signal artificiel. Mais, une fois écartée toute cause de parasite éventuel, on se demande s'il pourrait avoir été émis par des extraterrestres. Cela amène Jocelyn et son directeur de thèse, Antony Hewish, à baptiser la source LGM1 pour « *Little Green Men 1* » (« Petits hommes verts 1 »).

Il est intéressant de citer les propos de Hewish à ce sujet : « Nous ne pensions pas vraiment avoir capté des signaux provenant d'une autre civilisation, mais l'idée nous avait visiblement traversé l'esprit, et nous n'avions aucune preuve qu'il s'agissait d'une émission radio entièrement naturelle. C'est un problème intéressant : si l'on pense avoir détecté de la vie ailleurs dans l'univers, comment annoncer les résultats de manière responsable ? À qui faut-il le dire en premier ? »

La détection ultérieure d'autres signaux radio similaires mais provenant d'autres directions dans le ciel amène très vite Jocelyn Bell à exclure la vie extraterrestre comme source. Deux chercheurs de la même université de Cambridge, Thomas Gold et Fred Hoyle, montrent alors que les pulses réguliers captés par la jeune étudiante sont émis par des étoiles à neutrons en rotation très rapide, dotées d'un intense champ magnétique. Les particules chargées éjectées dans l'axe de ce champ magnétique sont à l'origine des pulses radio observés. Le signal original s'avère être l'émission radio du pulsar CP 1919, ainsi baptisé pour « Cambridge Pulsar », suivi d'une de ses coordonnées dans le ciel (19h19mn en ascension droite). C'est le premier d'une longue série de pulsars, puisqu'on en a répertorié plus de 2000 à ce jour.

Antony Hewish obtint le prix Nobel de physique en 1974 pour ses travaux en radioastronomie et pour la découverte des pulsars, mais Jocelyn Bell ne fut pas associée à cette récompense. Son travail fut heureusement reconnu par la suite, et elle obtint plusieurs récompenses prestigieuses.

Vue d'artiste d'un pulsar

QUAND IRONS-NOUS VISITER L'EXOPLANÈTE LA PLUS PROCHE ?

L'exoplanète la plus proche se trouve en orbite autour de l'étoile Proxima du Centaure, à 4,24 années-lumière de nous, soit environ 40 000 milliards de kilomètres. Il faudrait donc 4 ans et 2 mois pour s'y rendre à la vitesse de la lumière.

La sonde la plus rapide jusque-là envoyée dans l'espace est Voyager 1. Elle affiche 61 200 km/h au compteur, mais c'est un escargot comparée à la lumière, car elle est 20 000 fois plus lente. Il lui faudrait donc une centaine de milliers d'années pour atteindre le système stellaire de Proxima. Autant dire que nous ne sommes pas près de quitter notre système solaire, dont la simple traversée demande déjà à nos sondes spatiales plusieurs années.

Les technologies actuelles ne permettent pas d'envisager de vaisseau spatial susceptible d'atteindre ne serait-ce qu'une fraction significative de la vitesse de la lumière. La production d'énergie nécessaire demanderait de toute façon d'embarquer une telle quantité de carburant et de comburant que cela rend l'entreprise utopique. Seule la voile solaire offre une option réaliste, avec une énergie gratuite, mais son rendement diminue très vite à mesure que l'on s'éloigne du Soleil.

L'auteur d'ouvrages de fiction Bernard Werber a imaginé dans son livre *Le Papillon des étoiles* un immense vaisseau spatial propulsé par voile solaire. Il embarque 144 000 personnes pour un voyage d'un millier d'années jusqu'à l'exoplanète la plus proche. Les Terriens se reproduisent donc à bord, et ce sont les descendants de ceux qui sont partis qui arrivent à destination. Werber a toutefois oublié une chose, à savoir l'évolution des technologies sur Terre pendant le millier d'années que doit durer le voyage. Il est pourtant certain que des vaisseaux plus puissants seront produits après le départ du premier, qui se trouvera de ce fait rattrapé par les suivants !

Pour l'instant, on devra donc se contenter de communiquer par ondes radio avec d'éventuels extraterrestres, ce qui sera déjà assez compliqué, même s'ils sont proches de nous. En effet, si l'on envoie en direction de Proxima du Centaure un message radio pour signaler notre présence, il faudra attendre un peu plus de 8 ans pour recevoir la réponse, si tant est qu'il y ait quelqu'un là-bas pour capter notre message et qu'il veuille bien se signaler à nous en y répondant.

Quant à entamer un véritable dialogue, ce sera compliqué en l'absence de connaissance d'une quelconque langue extraterrestre. L'échange de signaux codés, comme le message d'Arecibo envoyé en 1974, sera sans doute un premier pas. Certains se sont d'ailleurs amusés à imaginer une réponse sur une grille de 23 par 73 pixels similaire à celle du message du radiotélescope d'Arecibo. On y retrouve les atomes à la base de la vie sur Terre (H, C, N, O et P), avec en plus l'atome de silicium, identifié par son numéro atomique 14. La double hélice de l'ADN a une structure différente, et la représentation de l'homme est remplacée par un extraterrestre à grosse tête. De même, le système planétaire est différent. Enfin, le radiotélescope est remplacé par un instrument d'apparence plus complexe.

Il faudra sans doute échanger un certain nombre de messages radio avant de pouvoir entamer un véritable dialogue, du genre : « Bonjour, comment se porte votre planète ? », en espérant une réponse du style : « Pas trop mal, et la vôtre ? ». Certains pensent d'ailleurs que l'on ne devrait pas signaler notre présence par l'envoi de tels messages radio, cela risquant d'inciter des extraterrestres dont la planète deviendrait inhabitable à venir s'installer chez nous.

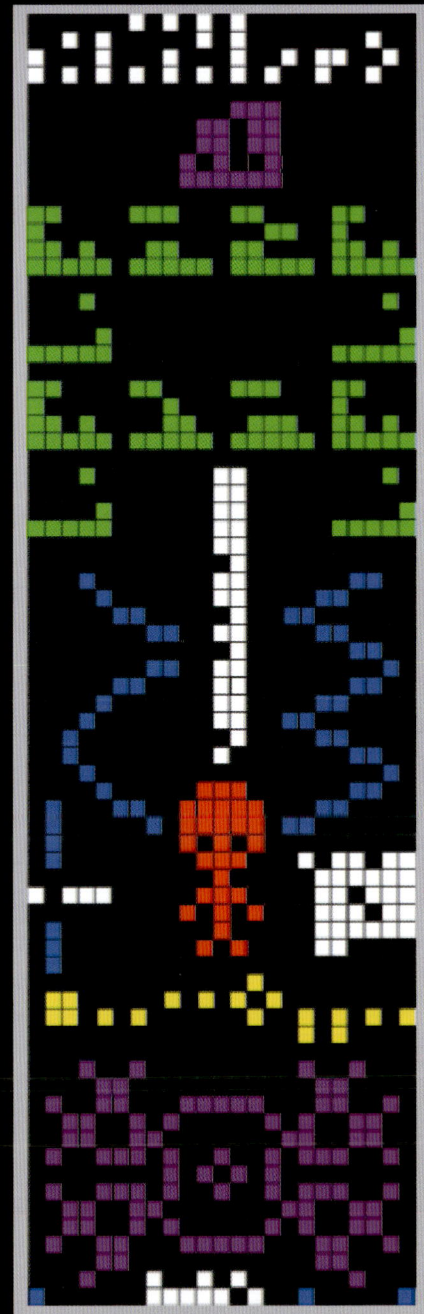

Réponse imaginée au message d'Arecibo de 1974

PEUT-ON VOYAGER PLUS VITE QUE LA VITESSE DE LA LUMIÈRE ?

La vitesse de la lumière est une barrière physique infranchissable. Il faut de plus fournir une quantité d'énergie d'autant plus grande que l'on s'en approche, au point que cela demanderait une énergie infinie pour l'atteindre. L'utilisation de replis de l'espace-temps pour voyager plus vite est une idée de science-fiction. S'il existe bien des solutions mathématiques pour ce type de raccourci, elles ne sont applicables qu'à une particule unique et pas du tout à un engin structuré tel qu'un vaisseau spatial.

Les théoriciens ont baptisé « trous de vers » ces structures de l'espace-temps qui sont souvent reprises par les auteurs de science-fiction pour les voyages interstellaires. Ils font passer leurs voyageurs dans un trou noir pour les faire ressortir plus loin dans l'Univers, dans une sorte de trou noir inversé qui serait un trou blanc, une « fontaine blanche ». Malheureusement, le seul fait d'aborder un trou noir à bord d'un vaisseau spatial serait suicidaire, car les forces de marée engendrées par l'intense champ gravitationnel amèneraient l'engin à s'allonger comme un spaghetti et à se disloquer entièrement, entraînant la perte de l'équipage.

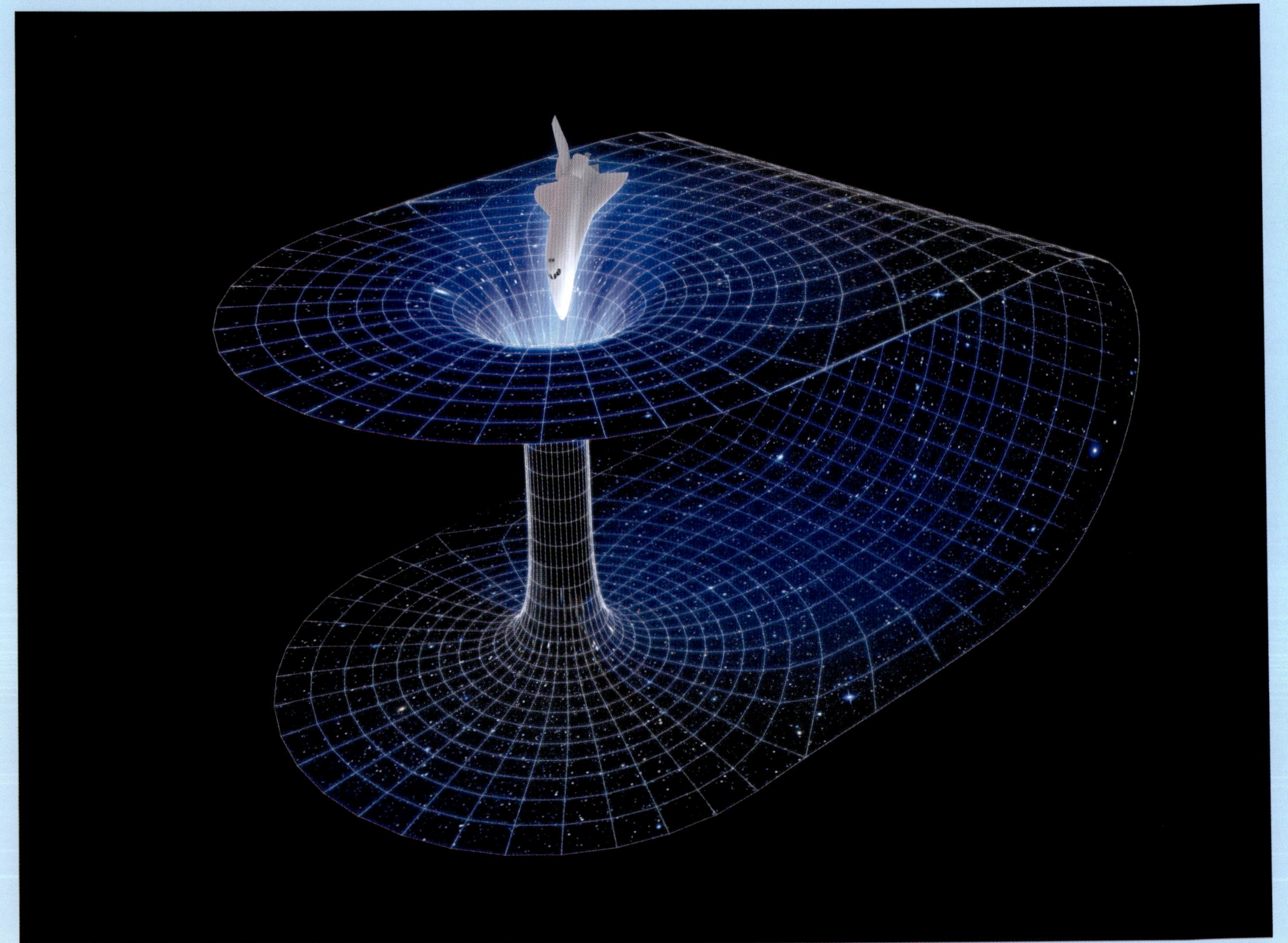

Représentation schématique d'un trou de ver dans l'Univers
Un trou noir est relié ici avec un trou blanc.

Vue d'artiste montrant les débris
d'un vaisseau spatial ayant pénétré dans un trou noir

VOYAGE VERS LE FUTUR

Voyager à grande vitesse peut amener à des effets curieux, comme celui connu sous le nom de « paradoxe des jumeaux ». Il fut introduit en 1911 par le physicien français Paul Langevin, 6 ans après la publication de la théorie de la relativité restreinte par Albert Einstein. Paul Langevin imagine un voyageur quittant la Terre à bord d'un vaisseau spatial qui s'éloigne à une vitesse proche de celle de la lumière, pour revenir quelques années plus tard. D'après les lois de la relativité, l'horloge du voyageur semble ralentie par rapport à l'horloge immobile du jumeau du voyageur, resté quant à lui sur Terre. Lorsque le voyageur revient sur Terre, il s'est écoulé moins de temps pour lui, il est donc plus jeune que son frère. Pourtant, chacun des deux a vu le temps s'écouler normalement, à sa propre horloge, et chacun a vu l'autre s'éloigner, puis se rapprocher de lui de manière symétrique, d'où l'emploi du terme de « paradoxe » pour qualifier cette différence d'âge pour le moins contre-intuitive.

L'effet est pourtant bien réel et a pu être vérifié, aussi bien sur la durée de vie de certaines particules à grande vitesse, que par la comparaison d'horloges restées au sol avec des horloges similaires embarquées dans des avions. Cette comparaison demande une très grande précision, de l'ordre de la nanoseconde (un milliardième de seconde), compte tenu de la faible vitesse des avions par rapport à celle de la lumière. La mesure expérimentale est, de plus, compliquée par le fait qu'il faut prendre en compte, en plus des effets de la relativité restreinte, ceux de la relativité générale, suivant laquelle le temps s'écoule moins vite quand la gravitation diminue, ce qui est le cas lorsqu'on s'élève en altitude.

Le paradoxe des jumeaux se résout en considérant que le voyageur a changé de référentiel inertiel, contrairement à son frère resté sur Terre. C'est cette dissymétrie qui explique la différence constatée en fin de compte sur l'écoulement du temps pour chacun d'eux. Il ne faut pas croire pour autant que le voyageur va vivre plus vieux que son frère sédentaire. Son propre temps biologique n'est pas modifié, en revanche, il reviendra bel et bien sur Terre avec quelques années de moins que celui qui n'a pas bougé. Il aura donc fait une sorte de saut dans le futur, mais ce saut est irréversible, et il ne pourra pas remonter le temps. On peut voyager dans le futur, mais pas dans le passé.

AU DÉPART DU VOYAGEUR

Jumeaux au même âge

AU RETOUR DU VOYAGEUR

Le voyageur a moins vieilli que son frère jumeau

Les jumeaux de la Nasa

Scott et Mark Kelly sont des frères jumeaux, astronautes de la Nasa. Scott a passé presque un an dans l'espace, de mars 2015 à mars 2016, à bord de la Station spatiale internationale, pendant que son frère Mark restait au sol. Il ne s'agissait pas de vérifier que Scott avait moins vieilli que Mark, comme dans l'expérience des jumeaux de Langevin, l'écart temporel n'étant que de quelques nanosecondes entre les deux frères, donc impossible à mesurer.

En revanche, l'expérience a permis de bien mesurer l'effet de l'apesanteur sur l'organisme, notamment par l'analyse comparée du sang prélevé tous les deux jours sur chacun des jumeaux, au sol et dans l'espace. On a ainsi pu mesurer la résilience et la robustesse dont fait preuve le corps humain pour s'adapter aux changements induits par l'environnement du vol spatial. On a constaté que beaucoup de paramètres mesurés sur Scott étaient assez vite revenus au même niveau qu'avant le vol. En particulier, les réponses immunitaires, les changements épigénétiques, les bactéries intestinales, le poids corporel et les métabolites sériques. Certains facteurs n'ont été affectés qu'après le retour sur Terre, comme par exemple des indicateurs d'inflammation et de réponse immunitaire. Quelques facteurs sont toutefois restés modifiés à la fin de l'étude, comme un petit sous-ensemble de changements dans l'expression des gènes, la dynamique des télomères, la perturbation de l'ADN, l'épaississement de l'artère carotide, les changements oculaires et certaines fonctions cognitives.

Les jumeaux Mark et Scott Kelly, astronautes de la Nasa

ENVOI DE NANO-SONDES PAR LASER JUSQU'À PROXIMA DU CENTAURE

Le projet « Breakthrough Starshot » (« Tir stellaire révolutionnaire ») vise à envoyer des nanosondes spatiales jusqu'à l'étoile la plus proche, Proxima du Centaure, en seulement 20 ou 30 ans au lieu des milliers d'années qu'il faudrait aux sondes les plus rapides fabriquées jusque-là. L'idée, lancée en 2016 par Yuri Milner, Stephen Hawking et Mark Zuckerberg, consiste à équiper des sondes miniaturisées de voiles solaires de 4 m^2, capables d'être propulsées à grande vitesse à l'aide d'un puissant faisceau laser. Ces sondes, de quelques grammes à peine, fileraient alors à 20 % de la vitesse de la lumière, ce qui leur permettrait d'atteindre le système d'Alpha du Centaure, situé à un plus de 4 années-lumière, en un temps raisonnable d'une vingtaine d'années. Les sondes pourraient alors nous renvoyer des images, moyennant un temps de transmission d'un peu plus de 4 ans, ce qui ferait donc au total moins de 30 ans après le départ des sondes.

Parmi les nombreuses difficultés techniques d'un tel projet, dont une trentaine dûment identifiée par les concepteurs eux-mêmes, on notera la traversée à très grande vitesse du système d'étoiles et d'exoplanètes en orbite autour d'Alpha du Centaure. Cette traversée demandera une grande précision de pointage des sondes pour la prise de vue. Une autre difficulté majeure est liée à la puissance du laser nécessaire pour propulser les sondes depuis la Terre. Il faudrait en effet produire une centaine de gigawatts pendant une dizaine de minutes, ce qui est supérieur à la puissance du parc nucléaire français actuel (environ 60 GW).

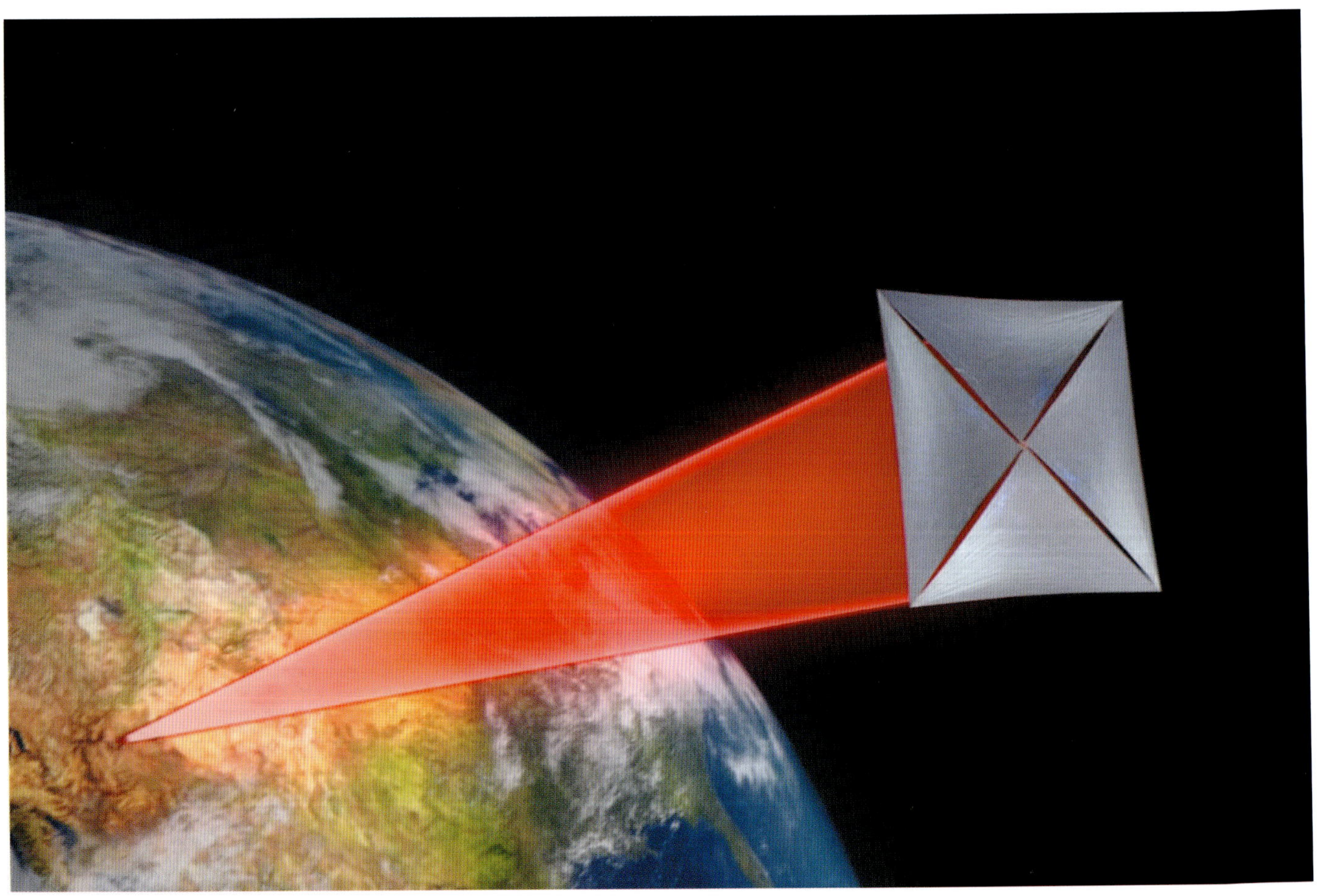

Vue d'artiste d'une nanosonde à voile solaire propulsée par un faisceau laser

DES EXTRATERRESTRES PEUVENT-ILS NOUS DÉTECTER ?

Les premières émissions d'ondes radio ont eu lieu à la fin du XIXe siècle, mais ce n'est vraiment qu'à partir de 1920 que l'on a commencé à émettre régulièrement, dans un but commercial ou de divertissement. Cela fait donc un peu plus d'un siècle que des ondes se propagent depuis la Terre dans l'espace, dans toutes les directions. Il en résulte une espèce de bulle d'ondes qui se diffuse tout autour de notre planète à la vitesse de la lumière et qui a déjà parcouru une centaine d'années-lumière. Cela veut dire que les habitants d'une exoplanète en orbite autour d'une étoile située dans un rayon de moins de 100 années-lumière de la Terre peuvent capter un signal qui n'a rien de naturel, s'ils pointent une antenne assez puissante dans notre direction.

Si ce rayon peut sembler bien petit par rapport à la dimension de notre Galaxie, laquelle s'étend sur environ 100 000 années-lumière, ce sont tout de même près de 60 000 étoiles qui sont situées à moins de 100 années-lumière de nous et se trouvent donc à l'intérieur de notre bulle d'émission d'ondes radio. Certes, le signal se dilue très vite en se propageant, en raison inverse du carré de la distance (la puissance du signal est divisée par 100 quand la distance est multipliée par 10), mais une civilisation avancée et disposant d'antennes performantes pourrait le distinguer des émissions naturelles. Et ce, d'autant plus que les ondes que nous émettons aujourd'hui sont d'une grande diversité : émissions de radio, de télévision, et télécommunications de manière générale. On peut d'ailleurs se demander quelle serait la réaction d'extraterrestres qui auraient réussi à décoder nos émissions de télévision et s'interrogeraient devant les images qu'ils voient. Cela leur donnerait-il envie de nous contacter ?

Le petit point bleu correspond à la bulle d'émission radio autour de la Terre.

Son diamètre (200 années-lumière) est minuscule comparé à l'étendue de notre Galaxie.

Cette gigantesque bulle de gaz déchiquetée, située à 11 000 années-lumière, est le reste de la supernova Cassiopeia A qui a explosé vers 1667. Sur cette image prise par le JWST (James Webb Space Telescope) les couleurs permettent de distinguer les différents éléments qui composent le gaz que l'étoile a éjecté lors de son explosion : soufre, oxygène, argon et néon principalement.

Vue d'artiste de geysers jaillissant de la surface crevassée d'une planète glacée.

Cette image prise par le JWST (James Webb Space Telescope) montre des milliers de galaxies lointaines, regroupées dans un amas baptisé SMACS 0723.

UNE QUÊTE COMPLEXE MAIS STIMULANTE

Les découvertes d'exoplanètes faites depuis une trentaine d'années nous montrent la diversité des mondes, davantage encore que leur multiplicité. Il n'y a pas deux systèmes planétaires identiques, il n'y a pas deux planètes identiques, et l'on ne trouvera sans doute pas de planète sosie de la Terre. Le monde du vivant nous montre le même phénomène : la vie n'a jamais inventé à deux reprises le même organisme vivant ; c'est l'extrême diversité qui prévaut.

L'histoire de la vie sur Terre et de ses origines, ainsi que la découverte des extrêmophiles, nous permettent de mieux délimiter les capacités et la diversité de la vie, et d'en déduire ce qui est universel, ce qui est modulable et source de différences marquées avec ce que nous connaissons, et enfin, ce qui est unique.

Dès lors, la recherche de la vie ailleurs est une chose très compliquée, et rien ne dit que cette quête aboutira. Si tant est que l'on détecte un jour de la vie intelligente quelque part dans l'Univers, la communication ne sera pas facile, du simple fait que les signaux que l'on peut envoyer ne peuvent voyager plus vite que la lumière, impliquant un délai de plusieurs années entre une question et une réponse. Quant au temps de voyage nécessaire pour une rencontre effective, il est bien trop long. Dans le meilleur des cas, il correspondrait à celui d'un voyage jusqu'à une exoplanète de Proxima du Centaure, l'étoile la plus proche de notre Soleil.

Sur de simples bases statistiques, on est certain qu'il existe, rien que dans notre Galaxie, de nombreuses planètes semblables à la Terre, en orbite autour d'une étoile semblable à notre Soleil. Rien ne dit que la vie est apparue sur ces planètes comme cela s'est produit sur Terre, mais, même si l'on est optimiste et que l'on suppose que certaines d'entre elles ont vu se développer une certaine forme de vie, il est frustrant de se dire que la distance qui nous sépare fait que l'on ne pourra jamais aller voir sur place.

Reste donc l'espoir de pouvoir communiquer un jour avec des êtres intelligents, avec qui nous pourrons échanger des images et des idées, moyennant des temps de réponse qui se compteront, dans le meilleur des cas, en dizaines d'années. Une question demeure : si un jour on détectait de la vie ailleurs dans l'Univers, nous sentirions-nous pour autant moins seuls ? Rien n'est moins sûr...

La quête de la vie ailleurs n'en stimule pas moins les chercheurs, comme en témoigne la création en 2009 de la Société française d'Exobiologie ou, plus récemment encore, de l'Institut ORIGINES de l'université Aix-Marseille, fondé en 2021. Ces structures fédèrent des chercheurs de nombreuses disciplines s'attelant à comprendre comment la vie a pu apparaître dans l'Univers, à commencer sur Terre, mais aussi sur d'autres planètes : astrophysiciens, biologistes, chimistes, géologues, paléontologues, physiciens, etc.

Ces structures comptent également parmi leurs membres des philosophes. Car la recherche de la vie dans l'Univers soulève indéniablement des questions philosophiques, métaphysiques et épistémologiques auxquelles les sciences dites « dures » ne peuvent pas toujours répondre. Un dialogue entre ces disciplines peut alors s'instaurer de manière très fertile. On l'a vu pour l'épineuse question de la définition de ce qu'est la vie. Il en est de même pour la définition de la conscience, si l'on veut aborder la question d'une vie extraterrestre intelligente.

C'est vrai aussi pour le rôle du hasard dans l'apparition et l'évolution de l'Univers et de la vie, avec, en corollaire, la vertigineuse question de notre liberté et de notre libre-arbitre. À quoi correspond exactement ce que nous appelons le hasard ? Est-ce une probabilité que nous n'arrivons pas à évaluer finement ? Un ensemble considérable de micro-événements interdépendants, répondant chacun aux lois de la chimie et de la physique, mais dont la moindre perturbation initiale conduit au chaos mathématique ? Un ensemble d'interactions aléatoires ou déterminées que nous ne savons pas décrire autrement que de manière grossière et statistique ? Dans quelle mesure l'apparition de la vie et l'évolution biologique elle-même sont-elles le fruit du hasard ? Sont-elles le résultat inéluctable des lois de la chimie et de la physique ?

La vie sur Terre est et a été soumise à une pression de sélection, liée aux conditions environnementales du moment, à la fois locales, moléculaires et cellulaires, mais aussi à l'échelle de l'écosystème entier, à l'échelle de la planète Terre et de ses conditions géologiques, atmosphériques et climatiques, et même à l'échelle de l'Univers, puisqu'une météorite ou des radiations solaires ont pu drastiquement modifier le cours de l'évolution. Si l'on repartait d'un même moment dans l'histoire de la vie, avec strictement les mêmes conditions, ce que les Anglo-Saxons appellent le *replay*, la vie emprunterait-elle à nouveau exactement les mêmes chemins ?

La science laisse de nombreuses questions en suspens et en laissera à jamais sans réponse. L'Homme, avec son cerveau et sa conscience, fruit direct de l'évolution, demeure dans sa quête éternelle de réponses universelles. Il sort alors souvent du cadre de ce qu'offre la science pour s'ouvrir à des réflexions philosophiques, spirituelles, métaphysiques, artistiques et épistémologiques, afin de donner un sens à ce qu'il ne comprend pas et qui lui échappe.

TABLE DES MATIÈRES

BIBLIOGRAPHIE

De l'inerte au vivant, une enquête scientifique et philosophique, Patrick Forterre, Louis d'Hendecourt, Christophe Malaterre, Marie-Christine Maurel, éd. La ville brûle, 2013

De l'origine de l'Univers à l'origine de la vie, Une virgule dans l'espace-temps, Sylvie Vauclair, éd. Odile Jacob, 2017

D'où vient la vie ?, Marie-Christine Maurel, Collection « Les Petites Pommes du savoir », éd. Le Pommier, 2014

Enfants du Soleil, Histoire de nos origines, André Brahic, éd. Odile Jacob, 2000

Étonnant vivant : les sciences du vivant au XXIe siècle, Catherine Jessus, CNRS Éditions, 2017

Exoplanètes, David Fossé, éd. Belin, 2018

L'univers, les métaux, la vie, Juan Fontecilla-Camps, UGA éditions, 2022

La plus belle histoire de la Terre, André Brahic, Paul Taponnier, Lester R. Brown, Jacques Girardon, éd. Le Seuil, 2001

La plus belle ruse de la lumière, David Elbaz, éd. Odile Jacob, 2021

La vie ailleurs, espérances et déceptions, James Lequeux et Thérèse Encrenaz, éd. EDP Sciences, 2022

Le hasard, le calcul et la vie, colloque de Cerisy, sous la direction de Thierry Gaudin, Marie-Christine Maurel, Jean-Charles Pomerol, ISTE éditions, 2021

Le nuage noir, Fred Hoyle, réédition enrichie de l'enquête de James Lequeux : *Et si c'était possible ?*, éd. de l'évolution, 2014

Les comètes et leurs secrets, Philippe Rousselot, éd. Ellipses, 2018

Les débuts de la vie : L'évolution, Simonetta Gribaldo, Marie-Christine Maurel, Jean Vannier, Coédition Le Pommier/Cité des Sciences, 2007

Les exoplanètes et la vie dans l'Univers, À la recherche de nos origines, Stéphane Mazevet, éd. Odile Jacob, 2021

Microbes de l'enfer, Patrick Forterre, éd. Belin, 2007

Nouveaux débats sur le vivant, Marie-Christine Maurel et Paul-Antoine Miquel, éd. Kimé, 2003

Protéines ! Voyage au centre de la cellule, Sophie Sacquin-Mora, Antoine Taly et Anmryn, Collection Carnet de Labo, éd. EDP sciences, 2021

Protéines 2, Le carnaval du vivant, Sophie Sacquin-Mora et Anmryn, Collection Carnet de Labo, éd. EDP sciences, 2022

Seuls dans l'Univers, De la diversité des mondes à l'unicité de la vie, Jean-Pierre Bibring, éd. Odile Jacob, 2022

Terres d'ailleurs, À la recherche de la vie dans l'Univers, André Brahic, Bradford Smith, éd. Odile Jacob, 2015

SITOGRAPHIE

Sites institutionnels

Agence spatiale américaine : https://www.nasa.gov

Agence spatiale européenne : https://www.esa.int/

Agence spatiale française : https://cnes.fr/fr

ENS Lyon : https://planet-terre.ens-lyon.fr/ressources/dossiers-thematiques

Ressources scientifiques pour l'enseignement des sciences de la Terre et de l'Univers de l'École normale supérieure de Lyon.

Institut Origines d'Aix Marseille Université : https://www.univ-amu.fr/fr/public/institut-origines

Muséum national d'histoire naturelle : https://www.mnhn.fr/fr/nos-dossiers-thematiques

Site du Muséum national d'histoire naturelle avec de très nombreux dossiers en lien avec les origines de la vie, l'évolution, la vie ailleurs, etc.

Observatoire européen austral : https://www.eso.org/public/france/

Saga Science : https://sagascience.com/origines/

Site du CNRS sur les origines de la vie, complet et didactique.

Blogs

Top of the prots : https://topoftheprots.com/

Blog humoristique sur les protéines et leurs multiples rôles dans la cellule, de Sophie Sacquin-Mora, Directrice de Recherche au CNRS en biochimie.

Page web personnelle de Michel Marcelin : https://people.lam.fr/marcelin.michel/

Revues, articles et dossiers

Astrosurf : http://www.astrosurf.com/luxorion/menu-bioastronomie.htm

Dossier éducatif consacré à la bioastronomie.

Ciel & Espace : https://www.cieletespace.fr/

CNRS : https://lejournal.cnrs.fr/billets/luca-une-cellule-un-monde-et-nous

Article en ligne du CNRS sur LUCA (*Last Universal Common Ancestor*)

École Normale Supérieure de Lyon : https://planet-terre.ens-lyon.fr/ressource/extremophiles.xml#limite-vie

Dossier consacré aux extrémophiles

Vidéos

Exobiologie : https://exobiologie.fr/exobiologie/actualites/confpublic/

Conférences grand public en ligne sur le site de la Société française d'Exobiologie.

Le hasard dans l'évolution de la vie, par Guillaume Lecointre, professeur au Muséum national d'histoire naturelle : https://www.youtube.com/watch?v=bJfD38w9Dxs&t=4838s :

L'origine de la vie, par Hubert Reeves : https://www.youtube.com/watch?v=X1yJsJxB82Y

O comme origine, petit film d'animation pour enfants (et plus grands) qui explique les origines de la Vie sur Terre, par Yannick Mahé et Gilles Macagno : https://www.youtube.com/watch?v=fgRgamPkF0E

GLOSSAIRE

Les mots soulignés signalent une autre entrée définie dans le glossaire.

Acidophile : Qui aime les conditions acides.

ADN : Acide désoxyribonucléique, macromolécule biologique présente dans presque toutes les cellules, ainsi que chez de nombreux virus.

Archées : Microorganismes unicellulaires sans noyau. Les archées forment un des trois domaines du vivant, avec les eucaryotes et les bactéries. Elles diffèrent des bactéries par leurs caractéristiques génétiques, métaboliques et structurelles ; on les trouve principalement dans les habitats extrêmes tels que les sources chaudes ou les lacs salés.

ARN : Acide ribonucléique, macromolécule biologique très proche de l'ADN, mais moins stable, présente chez tous les êtres vivants et chez certains virus.

Catalyse : Accélération d'une réaction chimique par diminution de l'énergie nécessaire à sa production. Un catalyseur n'est en principe pas modifié au cours de la réaction globale.

Code génétique : Ensemble des règles (presque) universelles qui fait correspondre les « mots » de trois lettres de l'ADN ou de l'ARN aux acides aminés à incorporer dans les protéines.

Cryovolcanisme : Phénomène éruptif observé sur des corps célestes glacés. Il ne fait pas intervenir de la lave, mais donne lieu à l'éjection d'éléments volatils comme l'eau, l'ammoniac ou le méthane qui peuvent être sous forme de liquide ou de vapeur. Ces éléments se solidifient rapidement après l'éruption, à cause des très basses températures.

Cyanobactérie : Bactérie tirant son nom de sa couleur bleu sombre. Capables de photosynthèse, les cyanobactéries ont joué un rôle fondamental dans l'évolution de la vie sur Terre, en produisant massivement de l'oxygène, ce qui a permis ensuite l'apparition des eucaryotes et des organismes multicellulaires.

Enzyme : Protéine qui effectue une catalyse, c'est-à-dire qui accélère une réaction chimique sans subir elle-même de modifications.

Eucaryote : Domaine du vivant regroupant tous les organismes, unicellulaires ou multicellulaires, qui se caractérisent par la présence d'un noyau abritant l'ADN.

Galaxie : L'Univers est composé de dizaines de milliards de galaxies qui sont constituées chacune de grandes quantités d'étoiles de gaz et de poussière, souvent assemblés en nébuleuses.

Gène : Court segment d'ADN ou d'ARN, dont la séquence affecte les caractères héréditaires d'un organisme.

Génome : Ensemble des gènes d'un organisme donné.

Geyser : Source d'eau chaude qui ne s'écoule pas continûment, mais qui jaillit brusquement à intervalles réguliers.

Halophile : Qui aime le sel.

Hydrophile : Qui aime l'eau, c'est-à-dire qui est bien soluble dans l'eau (s'applique à des molécules ou à des parties d'une molécule).

Hydrophobe : Qui fuit l'eau.

Hyperthermophile : Qui aime les chaleurs extrêmes. Ce terme est habituellement employé pour les organismes dont la température optimale de croissance est d'au moins 80 °C.

Influx nerveux : Signal électrique de faible tension et intensité, produit par les récepteurs sensoriels en réaction aux informations provenant du milieu extérieur.

Inorganique : Que l'on ne retrouve pas dans les organismes vivants. Par extension, ce terme s'applique aux molécules et à la chimie dite minérale, qui n'impliquent pas de molécules carbonées, sauf le graphite (C), le monoxyde et le dioxyde de carbone (CO et CO_2) et les ions carbonates (CO_3^{2-}), qui sont considérés comme des molécules inorganiques.

LUCA : Last Universal Common Ancestor : le dernier ancêtre commun universel à tous les organismes vivants actuels.

Macromolécules : Molécules relativement grosses contenant plusieurs centaines à plusieurs dizaines de milliers d'atomes. Il s'agit en général de polymères de plus petites molécules élémentaires.

Métabolisme : Ensemble des échanges d'énergie et des processus chimiques qui se déroulent dans la cellule pour qu'elle puisse assurer ses fonctions.

Météore : Ce terme désignait autrefois tout phénomène lumineux dans le ciel ; il désigne aujourd'hui la traînée lumineuse produite par un corps qui se consume en pénétrant à grande vitesse dans l'atmosphère terrestre. Si le corps est assez gros, il ne se consume pas entièrement et arrive jusqu'au sol sous la forme d'une météorite qui se fragmente souvent en plusieurs morceaux qui peuvent s'éparpiller sur plusieurs km^2.

Milieu interstellaire : Matière qui se trouve entre les étoiles, principalement constituée de gaz et de poussières formant des nébuleuses.

Nébuleuse : Ce terme désigne en astronomie tout objet dont la forme évoque un nuage. Les observations du ciel faites avec les premières lunettes astronomiques n'avaient pas la qualité suffisante pour distinguer ce qui était un nuage de gaz ou de poussière illuminé par des étoiles d'un amas d'étoiles compact ou encore d'une galaxie. C'est d'ailleurs pour cela que la galaxie d'Andromède, la plus proche de nous, a longtemps été appelée nébuleuse d'Andromède.

Nuage moléculaire : Nuage du milieu interstellaire composé de gaz sous forme de molécules (H_2 et CO principalement), ainsi que de poussières. C'est au sein de ce type de nuages que se forment la plupart des étoiles.

Organique : À l'origine, cet adjectif s'applique aux processus et espèces chimiques constituant les organismes vivants. Par extension, il concerne également tout ce qui est lié à la chimie du carbone et de ses composés, à l'exception du graphite (C), du monoxyde et dioxyde de carbone (CO et CO_2) et des ions carbonates (CO_3^{2-}), qui sont considérés comme des composés inorganiques.

Oxydation : Réaction chimique au cours de laquelle un atome ou une molécule perd des électrons au profit d'une autre molécule. Ce terme vient du fait que les premiers exemples de réactions qui ont été décrits, comme la transformation du fer en rouille ou la transformation du méthane CH_4 en dioxyde de carbone CO_2, se produisent sous l'action de l'oxygène.

Photosynthèse : Ensemble des processus biologiques qui exploitent l'énergie de la lumière pour la transformer en énergie chimique et permettent la synthèse de molécules organiques à partir de molécules inorganiques.

Polymère : Longue molécule constituée de la répétition d'un grand nombre de sous-unités similaires, les monomères. Les biopolymères (ADN, protéines, polysaccharides) consistent en une séquence irrégulière (porteuse d'une information) de sous-unités moléculaires similaires, les acides aminés, les nucléotides, ou les sucres élémentaires.

Prébiotique : Qui précède l'apparition de la vie sur Terre. Ce sont en général toutes les réactions chimiques mettant en jeu des molécules organiques ou inorganiques et qui sont susceptibles d'avoir conduit à la vie.

Procaryote : Organisme vivant unicellulaire ne possédant pas de noyau, contrairement aux eucaryotes. Les procaryotes incluent les bactéries et les archées.

Protéines : Chaînes moléculaires constituées de quelques dizaines à plusieurs milliers d'acides aminés et remplissant un grand nombre de tâches dans la cellule, dont parmi tant d'autres, la *catalyse* de réactions métaboliques, le transport de petites molécules ou d'ions, la défense immunitaire, ou le transfert d'informations.

Psychrophile : Qui aime le froid.

Pulsar : Étoile très dense en rotation rapide et dotée d'un champ magnétique puissant qui canalise des particules chargées produisant des pulses radio à fréquence élevée. Ce type d'astre est appelé étoile à neutrons car la matière y est si concentrée que les protons et les électrons fusionnent, de sorte que l'étoile est entièrement composée de neutrons.

Quasar : Les quasars sont des galaxies lointaines dont le noyau central est très actif et brillant, ce qui fait qu'on ne voit quasiment que lui, donnant une apparence ponctuelle et donc stellaire à l'objet observé, d'où le nom de quasi stellaire, *quasi stellar* en anglais, qui a été contracté en quasar.

Référentiel inertiel : Également appelé référentiel galiléen, c'est un référentiel dans lequel le principe d›inertie est vérifié, c›est-à-dire qu'un corps qui n'est soumis à aucune force y est animé d'un mouvement de translation rectiligne uniforme, ou au repos.

Ribozyme : Molécule d'ARN qui peut effectuer une catalyse.

Stromatolithe : Structure cylindrique ou en forme de chou-fleur constituée de calcaire, parfois de silice, produite en général par des communautés de cyanobactéries dans une eau peu profonde.

Super-Terre : Exoplanète rocheuse de quelques masses terrestres, ayant au maximum dix fois la masse de la Terre.

Thermophile : Qui aime la chaleur.

Unité Astronomique : La distance Terre-Soleil est utilisée comme unité de longueur en astronomie et notée UA.

Vent stellaire : Les étoiles émettent des flots de particules chargées (principalement protons et électrons pour le Soleil) baptisés vents. Les vitesses de ces vents varient de quelques dizaines à plusieurs milliers de kilomètres par seconde, selon le type d'étoile.

Vitesse radiale : La vitesse d'un astre a deux composantes : la vitesse radiale, que l'on observe suivant la ligne de visée, et la vitesse tangentielle (dans le plan du ciel). La première se mesure directement grâce à l'effet Doppler-Fizeau qui affecte la longueur d'onde émise par l'astre. La deuxième est beaucoup plus difficile à mesurer, surtout pour les astres lointains, car leur déplacement apparent dans le ciel est infime.

LES AUTEURS

© Pascale Boulanger

Véronique Bréchot est directrice de recherche du CNRS au laboratoire Bioénergétique et Ingénierie des Protéines de l'Institut de Microbiologie de la Méditerranée de Marseille. Elle a reçu le prix du Jeune Chercheur de la Société Française de Biophysique, et le Prix Maurice Nicloux de la Société Française de Biochimie et Biologie Moléculaire. Elle s'intéresse à la structure des macromolécules biologiques, en particulier aux mouvements et à la dynamique de certaines protéines désordonnées. Elle a écrit plusieurs articles pour des revues de vulgarisation comme La recherche. Elle a traduit de l'anglais *La Vie excentrique. Voyage dans les Mondes Extrêmes*, par Michael Gross, paru aux éditions Belin en 2003.

© Dominique Fonsèque

Michel Marcelin est directeur de recherche émérite au CNRS, au Laboratoire d'Astrophysique de Marseille, et secrétaire de l'Académie des Sciences Lettres & Arts de Marseille. Il étudie la rotation des galaxies, pour déterminer leur masse et traquer la matière noire au sein de ces objets. Il a observé avec de nombreux télescopes dans le monde, en Haute Provence mais aussi au Chili, à Hawaii, en Russie et en Arménie. Il a collaboré à l'écriture d'une centaine de publications sur ce sujet, dans des revues spécialisées et a écrit plusieurs ouvrages d'astronomie pour le grand public.

REMERCIEMENTS

Véronique Bréchot
Je tiens à remercier de nombreuses personnes d'horizons très divers avec qui j'ai pu avoir des discussions très intéressantes en lien direct avec cet ouvrage, récemment ou moins récemment. Ils ont alimenté ma réflexion, et m'ont souvent aiguillée sur des lectures appropriées aux questionnements soulevés ici. Certaines m'ont même fait bénéficier directement de leur expertise pointue en relisant des passages de cet ouvrage et en l'enrichissant de leurs commentaires. Qu'elles en soient doublement remerciées ! Parmi toutes ces personnes, je citerai, en présentant toutes mes excuses à ceux que j'oublie forcément :
Chantal Abergel, Luisana Avilan, Laurence Blanchard, Gaël Brasseur, Frédéric Carrière, Stéphanie Champ, Christophe de la Roche-Saint André, Keith Dunker, Simon Duval, Juan Fontecilla-Camps, Patrick Forterre, Françoise Gaill, Brigitte Gontero, Michael Gross, Sandra Jeudy, Hélène Launay, Stephen Maberly, Eric Marcon, Michel Morange, Olivier Mousis, Edouard Pearlstein, Jean-Louis Rouvière, Sylvie Sahal, Barbara Schoepp-Cothenet, Pascal Taranto, et tant d'autres encore !

Michel Marcelin
Je remercie tout particulièrement Anne Le Meur, de la Maison Hachette, pour la confiance qu'elle m'accorde depuis des années en me confiant régulièrement l'écriture d'ouvrages de vulgarisation scientifique. C'est particulièrement important de nos jours où les fausses croyances ont la peau dure, malgré les progrès de la science.

CRÉDITS ICONOGRAPHIQUES

Illustrations

6-7 : Véronique Bréchot, image créée avec Adobe Firefly, outil d'intelligence artificielle de génération d'images ;

18 : *Les défis du CEA*, octobre 2016, n° 211, Aude Ganier, Claire Abou et Michel Szlazac (infographie), avec la collaboration de Pascal Reiller, chercheur à la DEN

19 : Daniel Bardin

24, 27, 31, 49, 58, 76, 97, 112, 116, 178, 216 : Sophie Leblanc

28 : illustrations extraites de PDB-101 (PDB101.rcsb.org), ressources éducatives soutenant les explorations moléculaires dans le cadre de la biologie et de la médecine. Portail de formation et de sensibilisation de la banque de données des protéines (Protein Data Bank). Christine Zardecki, Shuchismita Dutta, David S. Goodsell, Robert Lowe, Maria Voigt, Stephen K. Burley. (2022) *Protein Science* 31: 129-140. https://doi.org/10.1002/pro.4200

29 : Véronique Bréchot. Figures réalisées avec le logiciel PyMOL Molecular Graphics Systems Version 2.4. Schrödinger, LLC, à partir des fichiers déposés à la Protein Data Bank https://www.rcsb.org/ (The Protein Data Bank H.M. Berman, J. Westbrook, Z. Feng, G. Gilliland, T.N. Bhat, H. Weissig, I.N. Shindyalov, P.E. Bourne (2000) *Nucleic Acids Research*, 28: 235-242. https://doi.org/10.1093/nar/28.1.235) : 1HHO, 7QD5, 2MLR, 1NQE, 5ODC

72-73 : L'Arbre du Vivant, reproduit avec l'aimable autorisation de Basile Beaud et Simonetta Gribaldo (Unité « Evolutionary Biology of the Microbial Cell », Department of Microbiology, Institut Pasteur, Paris)

Photographies

8-9 : Getty images/Wladimir Bulgar/Science Photo Library ; **10-11** : Webb Space Telescope/NASA, ESA, CSA, STScI/Joseph DePasquale (STScI), Anton M. Koekemoer (STScI), Alyssa Pagan (STScI) ; **12** : Getty images/Dirtydog_Creative ; **14** : ESA/Webb, NASA & CSA, A. Martel ; **15** : Michel Marcelin ; **16** : ESA/PACS & SPIRE Consortium/HOBYS Key Programme Consortia ; **20-21** : Webb Space Telescope/NASA, ESA, CSA, STScI ; **22-23** : Science Photo Library/Witton, Mark P. ; **25 haut** : Biodiversity Heritage Library ; **25 bas** : Science Photo Library/Power And Syred ; **26** : istock/mmac72 ; **33** : Science Photo Library/Wiersma, Dirk ; **34 gauche** : Getty images/Athima Tongloom ; **34 droite** : Xavier Caré/Wikimedia Commons ; **35** : Science Photo Library/Science Source ; **37** : Getty images/Roland Birke ; **39** : Getty images/Matthias Kulka ; **40** : Science Photo Library/Clarivan, Carlos ; **41** : Véronique Bréchot ; **42** : Science Photo Library/Libbrecht, Kenneth ; **43** : istock/imagedepotpro ; **44** : istock/robertsrob ; **46** : Getty images/TED MEAD ; **47** : NASA ; **48** : Getty images/Bettmann ; **50** : MARUM – Zentrum für Marine Umweltwissenschaften, Universität Bremen ; **51** : NOAA Photo Library ; **53** : Khayman (Wikimedia) ; **54** : Getty images/Zen Rial ; **56-57** : Getty images/Peter Adams ; **59** : ESA, 2009 ; **60** : ESA, 2016 ; **61** : NASA ; **63** : Getty images/SEN LI ; **64** : Graeme Churchard (Wikimedia) ; **65** : istock/ SonerCdem ; **66 haut** : © Abderrazak El Albani/Arnaud Mazurier/CNRS Images ; **66 bas** : © Jean-Claude MOSCHETTI/CNRS Images ; **67** : Science Photo Library/Mis, Marek ; **68-69** : Science Photo Library/Jensen, Mikkel Juul ; **70** : © Jean Vannier, CNRS ; **71** : Science Photo Library/Heritage Images/Print Collector ; **74** : Getty images/Mark Garlic/Science Photo Library ; **75** : Didier Descouens (Wikimedia) ; **78-79** : Getty images/Pauline Lewis ; **80-81** : NASA/JPL-Caltech/ASU/MSSS ; **83** : NASA/Johns Hopkins University Applied Physics Laboratory/Carnegie Institution of Washington ; **84** : NASA ; **85** : NASA/JPL-Caltech ; **87** : ESA/DLR/FU Berlin (G.Neukum) ; **88** : ESA/DLR/FU Berlin ; NASA MGS MOLA Science Team ; **89** : NASA/JPL/Cornell ; **90** : NASA/JPL-Caltech/MSSS ; **91** : NASA/JPL-Caltech/MSSS/IRAP ; **92-93** : NASA/JPL/DLR ; **95** : Getty Images/Mark Garlick/Science Photo Library ; **99** : NASA/JPL-Caltech/ASI/Cornell ; **101** : NASA/JPL/Space Science Institute ; **103** : NASA JPL USGS ; **104** : ESA 2010 MPS for OSIRIS Team : MPS/UPD/LAM/IAA/RSSD/INTA/UPM/DASP/IDA ; **105** : ESO/F. Slawik ; **106** : ESARosettaNAVCAM CC BY SA IGO 3.0 ; **107** : Argonne National Laboratory ; **109** : ESA/Rosetta/MPS for OSIRIS Team MPS/UPD/LAM/IAA/SSO/INTA/UPM/DASP/IDA ; **110-111** : ESO ; **113** : Michel Marcelin ; **114-115** : ESO/M. Kornmesser/Nick Risinger (skysurvey.org) ; **117** : ESO/Bohn et al. ; **118-119** : ESO/L. Calçada ; **120-121** : ESO/M. Kornmesser ; **122-123** : ESO/M. Kornmesser ; **124-125** : ESA/Hubble, M. Kornmesser ; **126-127** : ESO /M. Kornmesser ; **128-129** : ESO/L.Calçada ; **131** : ESO ; **133** : ESO ; **134-135** : ESO ; **136-137** : ESO ; **138** : Wikimedia Commons ; **139** : Getty Images/THEPALMER ; **140** : Georges Méliès (Cinémathèque française) ; **141** : Getty images/Traveller1116 ; **142-143** : Getty images/DEA/U. COLNAGO ; **144** : Vatican Observatory ; **145** : L'Osservatore Romano ; **146** : Getty Images/Sizun Eye ; **147** : Béatrice Marcelin ; **149** : Éric Marcon ; **151** : Jason Hollinger (Wikimedia) ; **153** : Getty images/Philip Thurston ; **154-155** : Getty images/Atlantide Phototravel ; **156** : Getty images/Cultura RM Exclusive/Gregory S. Paulson ; **156 droite** : Science Photo Library/Daly, Michael J. ; **157** : Science Photo Library/Chillmaid, Martyn F. ; **158-159** : Getty images/Bertrand Linet ; **161** : NASA ; **162-163** : ESA ; **164** : Artis-Micropia ; **165 haut** : Science Photo Library/DENNIS KUNKEL MICROSCOPY ; **165 bas** : Science Photo Library/Lunau, Claus ; **166 haut** : NASA ; **166 bas** : NASA ; **167** : NASA ; **168** : © Patrice HUET/CNRS Images ; **171** : NASA/JPL ; **172** : Getty images/PASIEKA ; **173** : Getty images/Cavan Images ; **174-175** : Getty images/koto_feja ; **176** : Getty images/PASIEKA ; **177** : Getty images/Sepia Times/Contributeur ; **180-181** : ESO/M. Kornmesser/S. Guisard ; **183** : ESO ; **185** : IRAM ; **186** : ESA/Herschel/NASA/JPL-Caltech; acknowledgement: R. Hurt (JPL-Caltech) ; **187** : ESA/Hubble & NASA, M. Robberto (Space Telescope Science Institute/ESA) and the Hubble Space Telescope Orion Treasury Project Team ; **188-189** : ESO/M.McCaughrean et al. (AIP) ; **190** : ESA/ATG medialab/NASA Ames PAH IR Spectral Database ; **191** : ESA/Rosetta/MPS for OSIRIS Team MPS/UPD/LAM/IAA/SSO/INTA/UPM/DASP/IDA ; **192** : Getty Images/KATERYNA KON/SCIENCE PHOTO LIBRARY ; **193** : ESO/M.McCaughrean et al. (AIP) ; **194** : SETI Institute ; **196** : Z22 (Commons.wikimedia) ; **197** : Woody Sullivan ; **198** : UCBerkeley/SETI ; **199** : Bigear.org/The James Arthur Photo Collection ; **200** : ESO ; **203** : Getty images/Marc Ward/Stocktrek Images ; **205** : NASA ; **206-207** : NASA/JPL-Caltech ; **208** : NASA/JPL ; **209 haut** : NASA/JPL ; **209 bas** : NASA/JPL-Caltech ; **210** : Arne Nordmann (Wikimedia) ; **211** : CFHT/Coelum-Jean-Charles Cuillandre & G.Anselmi ; **212** : Casey Reed - Penn State University (Wikimedia) ; **213** : Marco94 (Wikimedia) ; **214** : Getty images/Andrzej Wojcick/Science Photo Library ; **215** : Getty images/gremlin ; **217** : NASA ; **218** : Breakthrough Initiatives (The Planetary Society) ; **219** : Adam Grossman/Nick Risinger (The Planetary Society) ; **220-221** : NASA, ESA, CSA, STScI, Danny Milisavljevic (Purdue University), Ilse De Looze (UGent), Tea Temim (Princeton University) ; **222-223** : Getty images/Mark Garlick/Science Photo Library ; **224** : NASA, ESA, CSA, STScI

58, rue Jean-Bleuzen 92178 Vanves

Direction : Ariane Laine-Forrest
Direction de projets éditoriaux : Anne Le Meur
Direction artistique : Clotilde Roussin
Création graphique et mise en page : Stéphanie Aguado
Relecture : Marie Borger et Marie-Gabrielle Houriez
Gravure : NordCompo (Villeneuve-d'Ascq)
Fabrication : Grégory Morin
Partenariats : Dana Lichiardopol (slichiardopol@hachette-livre.fr)

Achevé d'imprimer en avril 2024 par Toppan Leefung Printing LTD (RPC)
Dépôt légal : août 2024
29-1969-2/01
ISBN : 978-2-37671363-0

L'éditeur utilise des papiers composés de fibres naturelles, renouvelables, recyclables et fabriquées à partir de bois issus de forêts qui adoptent un système d'aménagement durable. L'éditeur attend également de ses fournisseurs de papier qu'ils s'inscrivent dans une démarche de certification environnementale reconnue.